全国二级造价工程师职业资格考试辅导用书

建设工程造价管理基础知识
一题一分一考点

全国二级造价工程师职业资格考试辅导用书编写委员会　编写

中国建筑工业出版社

图书在版编目（CIP）数据

建设工程造价管理基础知识一题一分一考点/全国二级造价工程师职业资格考试辅导用书编写委员会编写.—北京：中国建筑工业出版社，2019.7（2020.9重印）

全国二级造价工程师职业资格考试辅导用书
ISBN 978-7-112-23896-5

Ⅰ.①建… Ⅱ.①全… Ⅲ.①建筑造价管理-资格考试-自学参考资料 Ⅳ.①TU723.31

中国版本图书馆 CIP 数据核字（2019）第 124725 号

本书以新考试大纲为依据，结合权威的考试信息，将考试的各个高频考点高度提炼，力图在同一道题目中充分体现考核要点的关联性和预见性，并以此提高考生的学习效率。

本书的内容包括工程造价管理相关法律法规与制度、工程项目管理、工程造价构成、工程计价方法及依据、工程决策和设计阶段造价管理、工程施工招投标阶段造价管理、工程施工和竣工阶段造价管理七部分，每一部分均精心设置了可考题目和可考题型，并对每一个考点都进行了详细说明。此外，本书还为考生介绍了考试相关情况说明、备考复习指南、答题方法解读、填涂答题卡技巧及如何学习本书等方面的参考信息，同时附有两套预测试卷和答案，并赠送增值服务。

本书可供参加全国二级造价工程师职业资格考试的考生学习和参考使用。

责任编辑：曹丹丹　张伯熙
责任校对：姜小连

全国二级造价工程师职业资格考试辅导用书
建设工程造价管理基础知识一题一分一考点
全国二级造价工程师职业资格考试辅导用书编写委员会　编写
*
中国建筑工业出版社出版、发行（北京海淀三里河路9号）
各地新华书店、建筑书店经销
北京鸿文瀚海文化传媒有限公司制版
北京建筑工业印刷厂印刷
*

开本：787×1092毫米　1/16　印张：12　字数：293千字
2019年8月第一版　2020年9月第三次印刷
定价：**42.00**元（含增值服务）
ISBN 978-7-112-23896-5
（36199）

版权所有　翻印必究
如有印装质量问题，可寄本社退换
（邮政编码100037）

编写委员会

葛新丽　高海静　梁　燕　吕　君
董亚楠　阎秀敏　孙玲玲　张　跃
臧耀帅　何艳艳　王丹丹　徐晓芳

前　言

在项目投资多元化、提倡建设项目全过程造价管理的今天，造价工程师的作用和地位无疑日趋重要。为了帮助参加二级造价工程师职业资格考试的考生准确地把握考试重点并顺利通过考试，我们组成了编写组，以考试大纲为依据，结合权威的考试信息，提炼大纲要求掌握的知识要点，遵循循序渐进、各个击破的原则，精心筛选和提炼，去粗取精，力求突出重点，编写了"全国二级造价工程师职业资格考试辅导用书"。

本套丛书包括《建设工程造价管理基础知识一题一分一考点》《建设工程计量与计价实务（土木建筑工程）一题一分一考点》《建设工程计量与计价实务（安装工程）一题一分一考点》《建设工程计量与计价实务（交通运输工程）一题一分一考点》《建设工程计量与计价实务（水利工程）一题一分一考点》。

本套丛书特点主要体现在以下方面：

1. 全面性。本书选择重要采分点编排考点，尽量一题涵盖所有相关可考知识点。并将每一考点所可能会出现的选项都整理呈现，对可能出现的错误选项做详细的说明。让考生完整系统地掌握重要考点。

2. 独创性。本书中一个题目可以代替同类辅导书中的 3～8 个题目，同类辅导书限于篇幅的原因，原本某一考点可能会出 6 个题目，却只编写了 2 个题目，考生学习后未必可以全部掌握该考点，造成在考场答题时出现见过但不会解答的情况，本书可以解决这个问题。

3. 指导性。针对计算型的选择题，本书不仅将正确答案的计算过程详细列出，而且还会告诉考生得出错误选项的计算过程错在哪里。

4. 关联性。案例分析部分以考点为核心，并以典型例题列举体现，将例题中涉及的知识点进行重点解析，重点阐释各知识点的潜在联系，明示各种题型组合。

本套丛书是在作者团队的通力合作下完成的，相信我们的努力，一定会帮助考生轻松过关。

为了配合考生的备考复习，我们开通了答疑 QQ 群 698804024（加群密码：助考服务），配备了专家答疑团队，以便及时解答考生所提的问题。

由于时间仓促，书中难免会存在不足之处，敬请读者批评指正。

考试相关情况说明

一、报考条件

报考科目	报考条件
考全科	凡遵守中华人民共和国宪法、法律、法规，具有良好的业务素质和道德品行，具备下列条件之一者，可以申请参加二级造价工程师职业资格考试： （1）具有工程造价专业大学专科（或高等职业教育）学历，从事工程造价业务工作满2年； 具有土木建筑、水利、装备制造、交通运输、电子信息、财经商贸大类大学专科（或高等职业教育）学历，从事工程造价业务工作满3年。 （2）具有工程管理、工程造价专业大学本科及以上学历或学位，从事工程造价业务工作满1年； 具有工学、管理学、经济学门类大学本科及以上学历或学位，从事工程造价业务工作满2年。 （3）具有其他专业相应学历或学位的人员，从事工程造价业务工作年限相应增加1年
免考基础科目	（1）已取得全国建设工程造价员资格证书。 （2）已取得公路工程造价人员资格证书（乙级）。 （3）具有经专业教育评估（认证）的工程管理、工程造价专业学士学位的大学本科毕业生。 申请免考部分科目的人员在报名时应提供相应材料

二、考试科目、时长、题型、试卷分值

考试科目	考试时长	考试题型	试卷分值
建设工程造价管理基础知识	2.5小时	单项选择题、多项选择题	100分
建设工程计量与计价实务（土木建筑工程、安装工程、交通运输工程、水利工程）	3小时	单项选择题、多项选择题、案例分析题	100分

三、考试成绩管理

二级造价工程师职业资格考试成绩实行2年为一个周期的滚动管理办法，参加全部2个科目考试的人员必须在连续的2个考试年度内通过全部科目，方可取得二级造价工程师职业资格证书。

四、合格证书

二级造价工程师职业资格考试合格者，由各省、自治区、直辖市人力资源社会保障行政主管部门颁发中华人民共和国二级造价工程师职业资格证书。该证书由人力资源社会保障部

统一印制，住房城乡建设部、交通运输部、水利部按专业类别分别与人力资源社会部保障部用印，原则上在所在行政区域内有效。各地可根据实际情况制定跨区域认可办法。

五、注册

住房城乡建设部、交通运输部、水利部分别负责一级造价工程师注册及相关工作。各省、自治区、直辖市住房城乡建设、交通运输、水利行政主管部门按专业类别分别负责二级造价工程师注册及相关工作。

经批准注册的申请人，由各省、自治区、直辖市住房城乡建设、交通运输、水利行政主管部门核发《中华人民共和国二级造价工程师注册证》（或电子证书）。

六、执业

二级造价工程师主要协助一级造价工程师开展相关工作，可独立开展以下具体工作：

(1) 建设工程工料分析、计划、组织与成本管理，施工图预算、设计概算编制；

(2) 建设工程量清单、最高投标限价、投标报价编制；

(3) 建设工程合同价款、结算价款和竣工决算价款的编制。

备考复习指南

关于二级造价工程师职业资格考试备考,很多考生都或多或少存在一些疑虑,也容易走弯路,在这里给大家准备了复习方法。

1. 制订学习计划——我们发现,有些考生尽管珍惜分分秒秒,但学习效果却不理想;有些考生学习时间似乎并不多,却记得牢,不易忘记。俗话说,学习贵有方,复习应有法。后者就是能在学习前制订学习计划,并能遵循学习规律,科学地组织复习。

2. 化整为零,各个击破——切忌集中搞"歼灭"战,要化整为零,各个击破,应分配在几段时间内,如几天、几周内,分段去完成任务。

3. 突击重要考点——考生要注意抓住重点进行复习。每门课程都有其必考知识点,这些知识点在每年的试卷上都会出现,只不过是命题形式不同罢了,可谓万变不离其宗。对于重要的知识点,考生一定要深刻把握,要能够举一反三,做到以不变应万变。

4. 通过习题练习巩固已掌握的知识——找一本好的复习资料进行巩固练习,好的资料应该按照考试大纲的内容,以考题的形式进行归纳整理,并附有一定参考价值的练习习题,但复习资料不宜过多,选一两本就行,多了容易分散精力,反而不利于复习。

5. 实战模拟——建议考生找三套模拟试题,一套在第一遍复习后做,找到薄弱环节,在突击重要考点时作为参考;一套在考试前一个月做,判断一下自己的水平,针对个别未掌握的内容有针对性地去学习;一套在考试前一周做,按规定的考试时间来完成,掌握答题的速度,体验考场的感觉。

6. 胸有成竹,步入考场——进入考场后,排除一切杂念,尽量使自己很快地平静下来。试卷发下来以后,要听从监考老师的指令,填好姓名、准考证号和科目代码,涂好准考证号和科目代码等,紧接着就安心答题。

7. 通过考试,领取证书——考生按上述方法备考,一定可以通过考试。

答题方法解读

1. 单项选择题答题方法：单项选择题每题 1 分，由题干和 4 个备选项组成，备选项中只有 1 个最符合题意，其余 3 个都是干扰项。如果选择正确，则得 1 分，否则不得分。单项选择题大部分来自考试用书中的基本概念、原理和方法，一般比较简单。如果考生对试题内容比较熟悉，可以直接从备选项中选出正确项，以节约时间。当无法直接选出正确选项时，可采用逻辑推理的方法进行判断，选出正确选项，也可通过排除法逐个排除不正确的干扰选项，最后选出正确选项。通过排除法仍不能确定正确项时，可以凭感觉进行猜测。当然，排除的备选项越多，猜中的概率就越大。单项选择题一定要作答，不要空缺。单项选择题必须保证正确率在 75% 以上，实际上这一要求并不是很高。

2. 多项选择题答题方法：多项选择题每题 2 分，由题干和 5 个备选项组成，备选项中至少有 2 个、最多有 4 个最符合题意，至少有 1 个是干扰项。因此，正确选项可能是 2 个、3 个或 4 个。如果全部选择正确，则得 2 分；只要有 1 个备选项选择错误，则该题不得分。如果所选答案中没有错误选项，但未全部选出正确选项时，选择的每 1 个选项得 0.5 分。多项选择题的作答有一定难度，考生考试成绩的高低及能否通过考试科目，在很大程度上取决于多项选择题的得分。考生在作答多项选择题时，要首先选择有把握的正确选项，对没有把握的备选项最好不选，宁缺毋滥，除非有绝对选择正确的把握，最好不要选 4 个答案。当对所有备选项均没有把握时，可以采用猜测法选择 1 个备选项，得 0.5 分总比不得分强。多项选择题中至少应该有 30% 的题考生是可以完全正确选择的，这就是说可以得到多项选择题的 30% 的分值，如果其他 70% 的多项选择题，每题选择 2 个正确答案，那么考生又可以得到多项选择题的 35% 的分值，这样就可以稳妥地过关。

3. 案例分析题答题方法：案例分析题的目的是综合考核考生对有关基本内容、基本概念、基本原理、基本原则和基本方法的掌握程度以及检验考生灵活应用所学知识解决工作实际问题的能力。案例分析题是在具体业务活动背景材料的基础上，提出若干个独立或有关联的小问题。每个小题可以是计算题、简答题、论述题或改错题。考生首先要详细阅读案例分析题的背景材料，建议阅读两遍，理清背景材料中的各种关系和相关条件，看清楚问题的内容，充分利用背景材料中的条件，确定解答该问题所需运用的知识，问什么回答什么，不要"画蛇添足"。案例分析题的评分标准一般要分解为若干采分点，最小采分点一般为 0.5 分，所以解答问题要尽可能全面，针对性强，重点突出，逐层分析，依据充分合理，叙述简明，结论明确，有计算要求的要写出计算过程。

填涂答题卡技巧

考生在标准化考试中最容易出现的问题是填涂不规范，以致在机器阅读答题卡时产生误差。解决这类问题的最简单方法是将铅笔削好，铅笔不要削得太细太尖，应削磨成马蹄状或直接削成方形，这样，一个答案信息点最多涂两笔就可以涂好，既快又标准。

进入考场拿到答题卡后，不要忙于答题，而应在监考老师的统一组织下将答题卡表头中的个人信息、考场考号、科目信息按要求进行填涂，即用蓝色或黑色钢笔、签字笔填写姓名和准考证号，用2B铅笔涂黑考试科目和准考证号。不要漏涂、错涂考试科目和准考证号。

在填涂选择题时，考生可根据自己的习惯选择下列方法进行：

先答后涂法——考生拿到试题后，先审题，并将自己认为正确的答案轻轻标记在试卷相应的题号旁，或直接在自己认为正确的备选项上做标记。待全部题目做完，经反复检查确认不再改动后，将各题答案移植到答题卡上。采用这种方法时，需要在最后留有充足的时间，以免移植时间不够。

边答边涂法——考生拿到试题后，一边审题，一边在答题卡相应位置上填涂，边答边涂，齐头并进。采用这种方法时，一旦要改变答案，需要特别注意将原来的选择记号用橡皮擦干净。

边答边记加重法——考生拿到试题后，一边审题，一边将所选择的答案用铅笔在答题卡相应位置上轻轻记录，待审定确认不再改动后，再加重涂黑。需要在最后留有充足的时间进行加重涂黑。

本书的特点与如何学习本书

本书作者专职从事考前培训、辅导用书编写等工作,有一套科学、独特的学习模式,可为考生提供考前名师会诊,帮助考生制订学习计划、圈画考试重点、理清复习脉络、分析考试动态、把握命题趋势,为考生提示答题技巧、解答疑难问题、提供预测押题。

本套丛书把出题方式、出题点、采分点都做了归类整理,通过翻阅大量的资料,把一些重点难点的知识通过口语化、简单化的方式呈现出来。

本套丛书主要是在分析考试命题的规律基础上,启发考生复习备考的思路,引导考生了解应该着重对哪些内容进行学习。这部分内容主要是对考试大纲的细化,根据考试大纲的要求,提炼考点,每个考点的试题均根据考试大纲考点分布的规律编写。

本套丛书旨在帮助考生提炼考试考点,以节省考生时间,达到事半功倍的复习效果。书中提炼了应知应会的重点内容,指出了经常涉及的考点以及应掌握的程度。

本套丛书根据考前辅导网上答疑提问频率的情况,对众多考生提出的有关领会大纲内容实质精神、把握考试命题规律的一些共性问题,有针对性、有重点地进行解答,并将问题按照知识点和考点加以归类,从考生的角度进行学以致考的经典问题汇编,对广大考生具有很强的借鉴作用。

本套丛书既能使考生全面、系统、彻底地解决在学习中存在的问题,又能让考生准确地把握考试的方向。本书的作者旨在将多年积累的应试辅导经验传授给考生,对每一部分都做了详尽的讲解,完全适用于自学。

一、本书为什么采取这种体例来编写?

(1) 为了不同于市场上的同类书,别具一格。市场上的同类书总结一下有这么几种:一是几套真题+几套模拟试卷;二是对教材知识的精编;三是知识点+历年真题+练习题。同质性很严重,本书将市场上的这三种体例融合到一起,创造一种市场上从未有过的编写体例。

(2) 为了让读者完整系统地掌握重要考点。本书选择高频采分点编排考点,尽量一题涵盖所有相关可考知识点。可以说学会本书内容,不仅可以过关,还可能会得到高分。

(3) 为了让读者掌握所有可能出现的题目。本书将每一考点所有可能出现的题目都一一列举,并将可能会设置互为干扰项的整合到一起,形成对比。本书的形式打破传统思维,采用归纳总结的方式进行题干与选项的优化设置,将考核要点的关联性充分地体现在同一道题目当中,该类题型的设置有利于考生对比区分记忆,大大压缩了考生的复习时间和精力。众多易混选项的加入,有助于考生更加全面地、多角度地精准记忆,从而提高考生的复习效率。

(4) 为了让读者既掌握正确答案的选择方法,又会区分干扰项答案。本书不但将每一题目所有可能出现的正确选项一一列举,而且还将所有可能作为干扰答案的选项一一列举。本书中1个题目可以代替其他辅导书中的3~8个题目,其他辅导书限于篇幅的原因,原本某一考点可能会出6个题目,却只编写了2个题目,考生学习后未必能全部掌握该考点,造成在考场上答题时觉得见过但不会解答的情况，本书可以解决这个问题。

（5）为了让读者掌握建设工程计量与计价实务案例分析中所涉及的重点内容，我们针对每个考点精心设置了典型例题，将考核要点的关联性充分地体现在同一道题目当中，对每个考点设置的案例提供了参考答案，并逐一对问题涉及的考点进行详细讲解，还对该考点的考核形式进行小结，考生通过认真学习，不仅能获得准确答案，而且能掌握不同的解题思路，为考前训练打下良好基础。

二、本书的内容是如何安排的？

（1）针对题干的设置。本书在设置每一考点的题干时，看似只是对一个考点的提问，其实不然，部分题干中也可以独立成题。

（2）针对选项的设置。本书中的每一个题目，不仅把所有正确选项和错误选项一一列举，而且还把可能会设置为错误选项的题干也做了全面的总结，体现在该题中。

（3）多角度问答。【细说考点】中会将相关考点以多角度问答方式进行充分的提问与表达，旨在帮助考生灵活应对较为多样的考核形式，可以做到以一题抵多题。

（4）针对可以作为互为干扰项的内容，本书将涉及原则、方法、依据等容易作为互为干扰项的知识分类整理到一个考点中，因为这些考点在考题中通常会互为干扰项出现。

（5）针对计算型的选择题，本书不仅将正确答案的计算过程详细列出，而且还会告诉考生得出错误选项的计算过程错在哪里。有些计算题可能有几种不同的计算方法，我们都会一一介绍。

（6）针对很难理解的内容，我们总结了一套易于接受的直接应对解答习题的方法来引导考生。

（7）针对容易混淆的内容，我们将容易混淆的知识点整理归纳在一起，指出哪些细节容易混淆及该如何清晰辨别。

（8）针对建设工程计量与计价实务案例分析部分：

①考点按照重要知识点进行设置，契合前面几章内容。

②以案例分析题展开详解。本书中的每一个题目，我们都会告诉考生需要掌握哪些内容，并对重点内容进行详细讲解，还把这个考点所涉及的考核形式进行了总结，都体现在该题中。

三、考生如何学习本书？

本书是以题的形式体现必考点、常考点，因为考生的目的是通过学习知识在考场上解答考题从而通过考试。具体在每一章设置了两个板块：【本章可考题目与题型】【细说考点】。

1. 如何学习【本章可考题目与题型】？

（1）该部分是将每章内容划分为若干个常考的考点作为单元来讲解的。这些考点必须要掌握，只要把这些考点掌握了，通过考试是没有问题的。尤其是对那些没有大量时间学习的考生更适用。

（2）每一考点下以一题多选项多解的形式进行呈现。这样可以将本考点下所有可能出现的知识点一网打尽，不需要考生再多做习题。本书中的每一个题目相当于其他同类书中的五个以上的题目。

（3）题目的题干是综合了考试题目的叙述方法总结而成，具有代表性。题干中既包含本题所需要解答的问题，又包括本考点下可能以单项选择题出现的知识点。虽然看上去都是以多项选择题的形式出现的，但是单项选择题的采分点也包括在本题题干中了。每一个题干的第一句话就是单项选择题的采分点。

（4）每一道题目的选项不仅将该题所有可能会出现的正确选项都进行整理、总结、一一呈现，而且还将可能会作为干扰选项的都详细整理呈现（这些干扰选项也是其他考点的正确选项，会在【细说考点】中详细解释），只要考生掌握了这个题目，不论怎么命题都不会超出这个范围。

（5）每一道题目的正确选项和错误选项整理在一起，有助于考生总结一些规律来记忆，本书在【细说考点】中为考生总结了规律。考生可以根据自己总结的规律学习，也可以根据我们总结的规律来学习。

（6）针对建设工程计量与计价实务案例分析部分：

① 每一考点下以一题多提问的形式进行呈现，这样可以将本考点所涉及的知识点进行系统学习，不需要考生再多做习题。

② 每一考点下设置的案例分析题都是具有代表性的题目，每个题目下的问题都是一个典型知识点，这些知识点都是考生要掌握的内容，考生学习完一个题目就知道该考点的重点包括哪些内容。

2. 如何学习【细说考点】？

（1）提示考生在这一考点下有哪些采分点，并对采分点的内容进行了总结和归类，有助于考生对比学习，这些内容一定要掌握。

（2）提示考生哪些内容不会作为考试题目出现，不需要考生去学习，本书也不会讲解这方面的知识，以减轻考生的学习负担。

（3）提示本题的干扰项会从哪些考点的知识中选择，考生应该根据这些选项总结出如何区分正确与否的方法。

（4）把本章各节或不同章节具有相关性（比如依据、原则、方法等）的考点归类在某一考点下，给考生很直观的对比和区分。因为考试时，这些相关性的考点都是互相作为干扰选项而出现的。本书还将与本题具有相关性的考点分别编写了一个题目供考生对比学习。

（5）对本考点总结一些学习方法、记忆规律、命题规律，这些都是给考生以方法上的指导。

（6）提示考生除了掌握本题之外，还需要掌握哪些知识点，本书不会遗漏任何一个可考知识点。本书通过表格、图形的方式归纳可考知识点，这样会给考生很直观的学习思路。

（7）对所有的错误选项做详细的讲解。考生通过对错误选项详解的学习可以将其内容改正。

（8）提示考生某一考点在命题时会有几种题型出现，而不管以哪种题型出现，解决问题的知识点是不会改变的，考生一定要掌握正面和反面出题的解题思路。

（9）提示考生对易混淆的概念如何判断其说法是否正确。

（10）把某一题型所有可设置的正确选项做详细而易于掌握、记忆的总结，就是把所有可能作为选项的知识通过通俗易懂的理论进行阐述，考生可根据该理论轻松确定选项是否正确。

（11）有些题目只列出了正确选项，把可能会出现的错误选项在【细说考点】中总结归纳，这样安排是为了避免考生在学习过程中混淆。此种安排只针对那些容易混淆的知识而设置。

（12）有些计算题、网络图在本书中总结了几种不同的解题方法，考生可根据自己的喜好选择一种方法学习，没有必要几种方法都掌握。

（13）对于工程计量与计价实务案例分析部分，会把某些题目下所涉及的要点分析总结在某一考点下，使考生能进行系统的学习。

四、本书可以提供哪些增值服务？

序号	增值项目	说明
1	学习计划	专职助教为每位考生合理规划学习时间，制订学习计划，提供备考指导
2	复习方法	专职助教针对每位考生学习情况，提供复习方法
3	知识导图	免费为每位考生提供各科目的知识导图
4	重、难知识点归纳	专职助教把所有重点、难点归纳总结，剖析考试精要
5	难点解题技巧	对于计算题，难度大的、典型的案例分析题通过公众号获取详细解题过程，学习解题思路
6	轻松备考	通过微信公众号获得考试资讯、行业动态、应试技巧、权威老师重点内容讲解，可随时随地学习
7	考前5页纸	考前一周免费为考生提供浓缩知识点
8	两套押题试卷	考前两周免费为考生提供两套押题试卷，作为考试前冲刺使用
9	免费答疑	通过QQ或微信免费为每位考生解答疑难问题，解决学习过程中的疑惑

目　　录

考试相关情况说明
备考复习指南
答题方法解读
填涂答题卡技巧
本书的特点与如何学习本书

第一章　工程造价管理相关法律法规与制度 ··········· 1
   考点 1　建筑工程施工许可 ··········· 1
   考点 2　建筑工程发包与承包 ··········· 2
   考点 3　建设单位的质量责任和义务 ··········· 3
   考点 4　施工单位的质量责任和义务 ··········· 4
   考点 5　工程质量保修 ··········· 5
   考点 6　建设、施工、监理等单位的安全责任 ··········· 6
   考点 7　《招标投标法》关于招标、投标以及开评标的规定 ··········· 8
   考点 8　依据《招标投标法实施条例》的招标范围和方式 ··········· 9
   考点 9　《招标投标法实施条例》规定的招标文件与资格审查 ··········· 10
   考点 10　《招标投标法实施条例》规定的招标工作的实施 ··········· 11
   考点 11　《招标投标法实施条例》规定的串通投标 ··········· 12
   考点 12　《招标投标法实施条例》关于开标、评标和中标的规定 ··········· 13
   考点 13　政府采购当事人 ··········· 14
   考点 14　政府采购的方式 ··········· 15
   考点 15　政府采购程序 ··········· 15
   考点 16　政府采购合同 ··········· 16
   考点 17　合同的形式及内容 ··········· 17
   考点 18　要约及要约邀请 ··········· 17
   考点 19　承诺 ··········· 18
   考点 20　格式条款 ··········· 19
   考点 21　合同的成立与缔约过失责任 ··········· 20
   考点 22　合同的生效 ··········· 20
   考点 23　无效合同与可变更或者撤销的合同 ··········· 21
   考点 24　合同履行的一般规则 ··········· 22
   考点 25　合同履行的特殊规则 ··········· 22
   考点 26　违约责任的特点及其承担方式 ··········· 22
   考点 27　合同争议的解决 ··········· 24

考点 28	经营者的价格行为	24
考点 29	政府的定价行为	25
考点 30	注册造价工程师的执业范围	25
考点 31	工程造价咨询企业的资质等级标准	26
考点 32	工程造价咨询的业务承接	27

第二章　工程项目管理 29

考点 1	工程项目的组成	29
考点 2	项目投资决策管理制度	30
考点 3	建设实施阶段的工作内容	31
考点 4	工程项目后评价	31
考点 5	工程项目管理目标控制的类型	32
考点 6	BOT 融资模式	32
考点 7	PPP 融资模式的分类	33
考点 8	ABS 融资模式	34
考点 9	工程项目实施模式	35
考点 10	CM 承包模式与 Partnering 模式	36

第三章　工程造价构成 38

考点 1	建设项目总投资与工程造价的构成	38
考点 2	建筑安装工程费用内容	39
考点 3	按费用构成要素划分建筑安装工程费用项目构成和计算	39
考点 4	按造价形成划分建筑安装工程费用项目构成和计算	41
考点 5	措施项目费的计算	43
考点 6	建筑安装工程费用计算	43
考点 7	非标准设备原价的计算	45
考点 8	进口设备的交易价格	48
考点 9	进口设备到岸价的构成及计算	49
考点 10	设备运杂费的构成及计算	52
考点 11	工程建设其他费用的构成	52
考点 12	预备费	56
考点 13	建设期利息	58

第四章　工程计价方法及依据 59

考点 1	工程计价的分部组合计价原理	59
考点 2	工程计价标准和依据	60
考点 3	工程定额体系	60
考点 4	工人工作时间消耗的分类	62
考点 5	机器工作时间消耗的分类	63
考点 6	确定材料定额消耗量的基本方法	64

考点 7	确定机具台班定额消耗量的基本方法	66
考点 8	人工日工资单价的组成	67
考点 9	材料单价的构成和计算	68
考点 10	施工机械台班单价的确定方法	71
考点 11	施工仪器仪表台班单价的确定方法	72
考点 12	工程计价信息的特点及主要内容	72
考点 13	工程造价指数的内容及其特征	73
考点 14	工程计价信息的动态管理	74
考点 15	BIM技术在工程造价管理各阶段的应用	74

第五章 工程决策和设计阶段造价管理 … 76

考点 1	工程项目策划的主要内容	76
考点 2	限额设计	77
考点 3	设计方案的评价方法	77
考点 4	影响工业建设项目工程造价的主要因素	78
考点 5	影响民用建设项目工程造价的主要因素	79
考点 6	投资估算的作用	80
考点 7	投资估算的阶段划分与精度要求	80
考点 8	项目建议书阶段投资估算方法	82
考点 9	可行性研究阶段投资估算方法	85
考点 10	流动资金的估算	85
考点 11	建设投资估算表的编制	86
考点 12	设计概算的概念及作用	88
考点 13	设计概算的编制内容	88
考点 14	建筑工程概算的编制	90
考点 15	建设项目总概算的编制	93
考点 16	施工图预算的作用	93
考点 17	施工图预算的编制内容	94
考点 18	施工图预算的编制依据	95
考点 19	工料单价法编制单位工程施工图预算	95
考点 20	实物量法编制单位工程施工图预算	96
考点 21	审查设计概算与施工图预算的方法	97

第六章 工程施工招投标阶段造价管理 … 99

考点 1	施工招标方式	99
考点 2	施工招标程序	99
考点 3	施工招投标文件组成	101
考点 4	《建设工程施工公司（示范文本）》中合同文件的优先顺序	102
考点 5	《建设工程施工合同（示范文本）》对暂停施工的规定	102

考点6 《建设工程施工合同（示范文本）》对隐蔽工程检查的规定 ……………… 103
考点7 《建设工程施工合同（示范文本）》发包人与承包人责任与义务的规定 …… 103
考点8 工程量清单的编制依据 …………………………………………………… 104
考点9 工程量清单编制的准备工作 …………………………………………… 104
考点10 分部分项工程项目清单的编制 ………………………………………… 105
考点11 其他项目清单的编制 …………………………………………………… 105
考点12 编制最高投标限价的规定 ……………………………………………… 106
考点13 最高投标限价的编制内容 ……………………………………………… 107
考点14 投标报价的编制流程 …………………………………………………… 108
考点15 投标报价的编制原则 …………………………………………………… 110
考点16 投标报价的编制依据 …………………………………………………… 110
考点17 分部分项工程和措施项目清单与计价表的编制 ……………………… 111
考点18 其他项目清单与计价表的编制 ………………………………………… 112
考点19 投标文件的编制与递交 ………………………………………………… 113

第七章 工程施工和竣工阶段造价管理 …………………………………………… 115
考点1 工程施工成本管理方法 ………………………………………………… 115
考点2 施工成本管理的四个措施 ……………………………………………… 116
考点3 施工成本核算 …………………………………………………………… 117
考点4 赢得值法的三个基本参数及四个评价指标 …………………………… 118
考点5 偏差产生的原因及控制措施 …………………………………………… 121
考点6 工程变更的范围 ………………………………………………………… 121
考点7 工程变更的程序、责任分析与补偿 …………………………………… 122
考点8 工程索赔管理 …………………………………………………………… 122
考点9 工程计量 ………………………………………………………………… 123
考点10 法规变化类合同价款调整 ……………………………………………… 124
考点11 工程变更类事项引起合同价款的调整 ………………………………… 124
考点12 采用价格指数调整价格差额 …………………………………………… 127
考点13 采用造价信息调整价格差额 …………………………………………… 129
考点14 暂估价的确定与调整 …………………………………………………… 131
考点15 不可抗力造成损失的承担 ……………………………………………… 131
考点16 提前竣工与误期赔偿的合同价款调整 ………………………………… 132
考点17 《建设工程施工合同（示范文体）》中承包人的索赔事件及可补偿内容 …… 133
考点18 费用索赔与工期索赔的计算 …………………………………………… 135
考点19 现场签证类合同价款调整 ……………………………………………… 137
考点20 预付款的支付与扣回 …………………………………………………… 138
考点21 安全文明施工费的支付 ………………………………………………… 139
考点22 期中支付 ………………………………………………………………… 140

考点 23　竣工结算的编制与审核 ·· 141
考点 24　工程竣工结算的计价原则 ·· 142
考点 25　竣工结算款的支付 ·· 142
考点 26　最终结清 ·· 143
考点 27　建设项目竣工验收的条件 ·· 143
考点 28　建设项目竣工验收的组织、管理与备案 ··· 144
考点 29　竣工决算的内容 ·· 145
考点 30　竣工决算的编制与审核 ·· 146
考点 31　新增固定资产价值的确定 ·· 147
考点 32　新增无形资产价值的确定 ·· 148

预测试卷（一） ··· 150
预测试卷（一）参考答案 ··· 161
预测试卷（二） ··· 162
预测试卷（二）参考答案 ··· 173

第一章
工程造价管理相关法律法规与制度

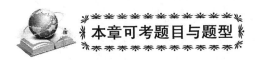

本章可考题目与题型

考点1 建筑工程施工许可

(题干) 关于建筑工程施工许可的相关说法中,正确的有 (ABCDEFGHIJKL)。

A. 施工许可证的申请主体为建设单位

B. 除国务院建设行政主管部门确定的限额以下的小型工程外,建筑工程开工前,建设单位应当按照国家有关规定向工程所在地县级以上人民政府建设行政主管部门申请领取施工许可证

C. 按照国务院规定的权限和程序批准开工报告的建筑工程,不再领取施工许可证

D. 建设单位应当自领取施工许可证之日起3个月内开工

E. 建设单位因故不能按期开工的,应当向发证机关申请延期

F. 建设单位申请延期开工的,延期以两次为限,每次不超过3个月

G. 建设单位在规定期限内,既不开工又不申请延期或者超过延期时限的,施工许可证自行废止

H. 在建的建筑工程因故中止施工的,建设单位应当自中止施工之日起1个月内,向发证机关报告

I. 中止施工满1年的工程恢复施工前,建设单位应当报发证机关核验施工许可证

J. 按照国务院有关规定批准开工报告的建筑工程,因故不能按期开工超过6个月的,应当重新办理开工报告的批准手续

K. 建筑工程恢复施工时,应当向发证机关报告

L. 建筑许可包括建筑工程施工许可和从业资格两个方面

细说考点

1. D、F、H、I、J 五个选项中涉及的时间及次数为考核的要点,考生应注意掌握。

2. L选项中涉及的考点较易以多项选择题的形式进行考核。

3. 申请领取施工许可证应当具备的条件也是很重要的考点,应熟练掌握。

考点 2　建筑工程发包与承包

（题干） 根据《建筑法》，关于建筑工程发包与承包的说法中，正确的有（ABCDEFGHIJKLMNOPQRSTUV）。

A. 建筑工程依法实行招标发包，不适于招标发包的可以直接发包

B. 建筑工程实行直接发包的，发包单位应当将建筑工程发包给具有相应资质条件的承包单位

C. 提倡对建筑工程实行总承包

D. 禁止将建筑工程肢解发包

E. 发包单位可以将建筑工程的勘察、设计、施工、设备采购一并发包给一个工程总承包单位

F. 不得将应当由一个承包单位完成的建筑工程肢解成若干部分发包给几个承包单位

G. 建筑构配件和设备由工程承包单位采购的，发包单位不得指定承包单位购入用于工程的建筑构配件和设备或者指定生产厂、供应商

H. 承包单位应在其资质等级许可的业务范围内承揽工程

I. 禁止建筑施工企业超越本企业资质等级许可的业务范围承揽工程

J. 禁止建筑施工企业以任何形式用其他建筑施工企业的名义承揽工程

K. 禁止建筑施工企业以任何方式允许其他单位或个人使用本企业的资质证书、营业执照，以本企业的名义承揽工程

L. 大型建筑工程可由两个以上的承包单位联合共同承包

M. 共同承包的各方对承包合同的履行承担连带责任

N. 两个以上不同资质等级的单位实行联合共同承包的，应当按照资质等级低的单位的业务许可范围承揽工程

O. 除总承包合同约定的分包外，工程分包须经建设单位认可

P. 施工总承包的，建筑工程主体结构的施工必须由总承包单位自行完成

Q. 建筑工程总承包单位按照总承包合同的约定对建设单位负责

R. 分包单位按照分包合同的约定对总承包单位负责

S. 总承包单位和分包单位就分包工程对建设单位承担连带责任

T. 禁止承包单位将其承包的全部建筑工程转包给他人

U. 禁止总承包单位将工程分包给不具备资质条件的单位

V. 禁止分包单位将其承包的工程再分包

> **细说考点**
>
> 1. 本考点还可能考查的题目如下：
>
> （1）关于建筑工程发包的说法中，正确的有（ABCDEFG）。

(2) 关于建筑工程分包的说法中，正确的有（OPQRS）。

(3) 关于建筑工程承包禁止行为规定的说法，正确的有（TUV）。

2. M选项的干扰选项可以设置为：由牵头承包方承担主要责任；由资质等级高的承包方承担主要责任；按承包各方投入比例承担相应责任。

3. 关于N选项的陷阱答案设置易为反向描述，即"按照资质等级高的单位"。该类陷阱答案要求考生审题时有足够的细致认真。

4. 关于P选项的知识点，考生应格外注意"工程主体结构施工"的底线。

5. L、M、N三个选项涉及的知识点，即：联合承包的知识是考核的要点。

6. D、F、I、J、K五个选项中涉及的要点均为禁止性规定，考生应注意掌握。

考点3 建设单位的质量责任和义务

（题干）根据《建设工程质量管理条例》，下列关于建设单位的质量责任和义务的说法，正确的是（ABCDEFGHIJKL）。

A. 建设单位不得将建设工程肢解发包

B. 建设单位发包不得迫使承包方以低于成本的价格竞标

C. 建设单位发包不得任意压缩合理工期

D. 建设单位发包不得明示或者暗示设计单位或者施工单位违反工程建设强制性标准

E. 建设单位发包不得降低建设工程质量

F. 建设单位报审的施工图设计文件未经审查批准的，不得使用

G. 建设单位可以委托本工程的监理单位进行监理

H. 建设单位可以委托与被监理工程的施工承包单位没有隶属关系或者其他利害关系的该工程的设计单位进行监理

I. 根据《建设工程质量管理条例》，应当按照国家有关规定办理工程质量监督手续的单位是建设单位

J. 涉及建筑主体和承重结构变动的装修工程，建设单位应当在施工前委托原设计单位或者具有相应资质等级的设计单位提出设计方案

K. 房屋建筑使用者在装修过程中，不得擅自变动房屋建筑主体和承重结构

L. 建设单位收到建设工程竣工报告后，应当组织设计、施工、工程监理等有关单位进行竣工验收；建设工程经验收合格的，方可交付使用

细说考点

1. 本考点还可能考查的题目如下：

根据《建设工程质量管理条例》，关于建设单位工程发包质量责任和义务的说法中，正确的有（ABCDE）。

3

2.根据《建设工程质量管理条例》，建设工程竣工验收应具备的条件有哪些，也是需要我们重点掌握的内容。

3.关于该考点的相关内容，考生还应注意与勘察单位、设计单位、施工单位、监理单位的质量责任和义务进行横向对比，避免造成混淆。

4.I选项的干扰项可以设置为：设计单位；监理单位；施工单位；勘察单位。

5.关于L选项涉及的竣工验收考点，其竣工验收条件也是重要的命题点。

考点4 施工单位的质量责任和义务

（题干）下列关于施工单位质量责任和义务的说法，符合《建设工程质量管理条例》规定的是（ABCDEFGHIJKLMNO）。

A.施工单位应在资质等级许可的范围内承揽工程

B.施工单位应当依法取得相应等级的资质证书

C.施工单位不得以其他施工单位的名义承揽工程

D.施工单位不得转包所承揽的工程

E.施工单位不得违法分包所承揽的工程

F.禁止施工单位超越本单位资质等级许可的业务范围承揽工程

G.施工单位不得允许个人以本单位的名义承揽工程

H.施工单位不得允许其他单位以本单位的名义承揽工程

I.施工单位对建设工程的施工质量负责

J.未经教育培训或者考核不合格的人员，不得上岗作业

K.实行总承包的建设工程，总承包单位应当对全部建设工程质量负责

L.施工单位在施工过程中发现设计文件和图纸有差错的，应当及时提出意见和建议

M.施工单位必须按照工程设计要求、施工技术标准和合同约定，对建筑材料、建筑构配件、设备和商品混凝土进行检验

N.施工中，建筑材料、建筑构配件、设备和商品混凝土未经检验或者检验不合格的，不得使用

O.施工人员对涉及结构安全的试块、试件以及有关材料，应当在建设单位或者工程监理单位监督下现场取样，并送具有相应资质等级的质量检测单位进行检测

细说考点

本考点还可能考查的题目如下：

（1）根据《建设工程质量管理条例》，关于施工单位承揽工程的质量责任和义务，说法正确的有（ABCDEFGH）。

(2) 施工企业在施工过程中发现设计文件和图纸有差错的,应当(A)。
A. 及时提出意见和建议
B. 继续按设计文件和图纸施工
C. 对设计文件和图纸进行修改,按修改后的设计文件和图纸进行施工
D. 对设计文件和图纸进行修改,征得设计单位同意后按修改后的设计文件和图纸进行施工
E. 经建设单位同意,由施工企业负责修改
F. 由施工企业负责修改,经监理单位审定
G. 经监理单位同意,由建设单位负责修改

(3) 施工人员对涉及结构安全的试块、试件以及有关材料,应当在(A)监督下现场取样,并送具有相应资质等级的质量检测单位进行检测。
A. 建设单位或监理单位 B. 施工企业质量管理部门
C. 设计单位或监理单位 D. 工程质量监督机构
E. 施工项目技术负责人 F. 施工企业质量管理人员
G. 勘察单位或监理单位 H. 勘察单位或建设单位
I. 勘察单位或设计单位 J. 设计单位或建设单位

考点5 工程质量保修

(题干)根据《建设工程质量管理条例》,关于工程质量保修的说法中,正确的有(**ABCDEFGHIJKL**)。

A. 建设工程的保修期,自竣工验收合格之日起计算
B. 承包单位出具质量保修书的时限是向建设单位提交工程竣工验收报告时
C. 质量保修书中应当明确建设工程的保修范围、保修期限和保修责任等
D. 在正常使用条件下,供热与供冷系统的最低保修期限是2个采暖期、供冷期
E. 在正常使用条件下,设备安装工程的最低保修期限是2年
F. 在正常使用条件下,电气管道工程的最低保修期限是2年
G. 在正常使用条件下,给排水管道工程的最低保修期限是2年
H. 在正常使用条件下,装修工程的最低保修期限是2年
I. 基础设施工程、房屋建筑的地基基础工程和主体结构工程的最低保修期限,为设计文件规定的该工程合理使用年限
J. 屋面防水工程的最低保修期限是5年
K. 有防水要求的卫生间、房间的最低保修期限是5年
L. 外墙面的防渗漏,最低保修期限是5年

> **细说考点**
>
> 1. 本考点还可能考查的题目：根据《建设工程质量管理条例》，关于工程最低保修期限的说法中，正确的有（DEFGHIJKL）。
> 2. 关于工程最低保修期限的考点中，考生应注意"2年"与"5年"的相互干扰。

考点6 建设、施工、监理等单位的安全责任

(题干) 根据《建设工程安全生产管理条例》，属于建设单位安全责任的有（ABCDEFG）。

A. 向施工企业提供准确的地下管线资料

B. 对拆除工程进行备案

C. 向建设行政主管部门提供安全施工措施资料

D. 建设单位在编制工程概算时，应当确定建设工程安全作业环境及安全施工措施所需费用

E. 不得压缩合同约定的工期

F. 不得对工程监理等单位提出不符合建设工程安全生产法律、法规和强制性标准规定的要求

G. 依法批准开工报告的建设工程，建设单位应当自开工报告批准之日起15日内，将保证安全施工的措施报送相关建设行政主管部门或者其他有关部门备案

H. 防止因设计不合理导致生产安全事故的发生

I. 应当在设计文件中注明涉及施工安全的重点部位和环节

J. 在设计中提出保障施工作业人员安全和预防生产安全事故的措施建议

K. 审查施工组织设计中的安全技术措施或者专项施工方案是否符合工程建设强制性标准

L. 应当按照安全施工的要求配备齐全有效的保险、限位等安全设施和装置

M. 出租的机械设备和施工机具及配件，应当具有生产（制造）许可证、产品合格证

N. 对出租的机械设备和施工机具及配件的安全性能进行检测，在签订租赁协议时，应当出具检测合格证明

O. 禁止出租检测不合格的机械设备和施工机具及配件

P. 主要负责人依法对本单位的安全生产工作全面负责

Q. 建立健全安全生产责任制度

R. 制定安全生产规章制度和操作规程

S. 保证本单位安全生产条件所需资金的投入

T. 安全作业费用不得挪作他用

U. 设立安全生产管理机构，配备专职安全生产管理人员

V. 主要负责人、项目负责人、专职安全生产管理人员应当经建设行政主管部门或者其

他有关部门考核合格后方可任职

W. 对管理人员和作业人员每年至少进行一次安全生产教育培训

X. 应当向作业人员提供安全防护用具和安全防护服装

Y. 书面告知作业人员危险岗位的操作规程和违章操作的危害

Z. 施工起重机械和整体提升脚手架等自验收合格之日起 30 日内应向有关部门登记

A′. 应当在施工组织设计中编制安全技术措施和施工现场临时用电方案

B′. 应当对达到一定规模的危险性较大的分部分项工程编制专项施工方案

C′. 对高大模板工程的专项施工方案, 应当组织专家进行论证、审查

细说考点

1. 本考点还可能考查的题目如下:

(1) 根据《建设工程安全生产管理条例》, 属于设计单位安全责任的有 (HIJ)。

(2) 根据《建设工程安全生产管理条例》, 属于工程监理单位安全责任的是 (K)。

(3) 根据《建设工程安全生产管理条例》, 属于机械设备配件供应单位安全责任的有 (LMNO)。

(4) 根据《建设工程安全生产管理条例》, 属于施工单位安全责任的有 (PQRSTUVWXYZA′B′C′)。

2. 关于 D 选项的考核形式还可以是"根据《建设工程安全生产管理条例》, 建设工程安全作业环境及安全施工措施所需费用, 应当在编制 (   ) 时确定"。该种问答形式的干扰选项可以设置为: 投资估算; 施工图预算; 施工组织设计。

3. 关于 G 选项的考核形式还可以是"根据《建设工程安全生产管理条例》, 建设单位将保证安全施工的措施报送建设行政主管部门或者其他有关部门备案的时间是 (   )", 该种问答形式的干扰选项可以设置为: 建设工程开工之日起 15 日内; 建设工程开工之日起 30 日内; 开工报告批准之日起 30 日内。

4. T 选项涉及的知识点, 考核形式通常为: 根据《建设工程安全生产管理条例》, 对于列入建设工程概算的安全作业环境及安全施工措施所需费用, 应当用于 (ABCD)。

A. 施工安全防护设施的采购和更新

B. 施工安全防护用具的采购和更新

C. 安全施工措施的落实

D. 安全生产条件的改善

本题的干扰选项通常为: 专项施工方案安全验算论证; 施工机具安全性能的检测; 施工机械设备的更新。

5. 关于 Z 选项, 干扰选项通常设置为 45 日或 60 日。

6. 关于 B′选项的知识点, 考核形式通常为: 根据《建设工程安全生产管理条例》, 施工单位应当对达到一定规模的危险性较大的 (ABCDEF) 编制专项施工方案。

A. 土方开挖工程

> B. 起重吊装工程
> C. 模板工程
> D. 拆除、爆破工程
> E. 脚手架工程
> F. 基坑支护与降水工程
>
> 该题的干扰选项通常设置为：钢筋工程；混凝土工程。
>
> 7. 关于 C′选项的知识点，考核形式通常为：根据《建设工程质量管理条例》，下列工程中，需要编制专项施工方案并组织专家进行论证、审查的是（ABC）。
>
> A. 涉及深基坑的工程　　　　　　　　　　B. 地下暗挖工程
> C. 高大模板工程
>
> 本题的干扰选项通常设置为：基坑支护与降水工程；土方开挖工程；模板工程；起重吊装工程；脚手架工程；拆除、爆破工程。

考点7 《招标投标法》关于招标、投标以及开评标的规定

（题干）下列说法中，符合《招标投标法》规定的有（ABCDEFGHIJKLMNOPQRS）。

A. 招标分为公开招标和邀请招标两种方式

B. 招标人采用邀请招标方式的，应当向 3 个以上具备承担招标项目的能力、资信良好的特定法人或者其他组织发出投标邀请书

C. 招标文件不得要求或者标明特定的生产供应者以及含有倾向或者排斥潜在投标人的其他内容

D. 招标人不得向他人透露已获取招标文件的潜在投标人的名称、数量及可能影响公平竞争的有关招标投标的其他情况

E. 招标人对已发出的招标文件进行必要的澄清或者修改的，应当在招标文件要求提交投标文件截止时间至少 15 日前，以书面形式通知所有招标文件收受人

F. 依法必须进行招标的项目，自招标文件开始发出之日起至投标人提交投标文件截止之日止，最短不得少于 20 日

G. 投标文件应当对招标文件提出的实质性要求和条件作出响应

H. 投标人如果准备在中标后将中标项目的部分非主体、非关键工程进行分包的，应当在投标文件中载明

I. 在招标文件要求提交投标文件的截止时间前，投标人可以补充、修改或者撤回已提交的投标文件，并书面通知招标人

J. 投标人少于三个的，招标人应当依照《招标投标法》重新招标

K. 两个以上法人或者其他组织可以组成一个联合体，以一个投标人的身份共同投标

L. 由同一专业的单位组成的联合体，按照资质等级较低的单位确定资质等级

M. 联合体中标的，联合体各方应当共同与招标人签订合同，就中标项目向招标人承担

连带责任

N. 开标应当在招标人的主持下，在招标文件确定的提交投标文件截止时间的同一时间、在招标文件中预先确定的地点公开进行

O. 开标时，由投标人或者其推选的代表检查投标文件的密封情况

P. 评标委员会成员人数为 5 人以上单数

Q. 评标委员会中技术、经济等方面的专家不得少于成员总数的 2/3

R. 招标人和中标人应当自中标通知书发出之日起 30 日内，按照招标文件和中标人的投标文件订立书面合同

S. 依法必须进行招标的项目，招标人应当自确定中标人之日起 15 日内，向有关行政监督部门提交招标投标情况的书面报告

细说考点

1. B、E、F、J、P、R、S 选项涉及的时间及数字的考点，需要考生进行明确的区分和掌握。

2. 对属于建设施工的招标项目，投标文件的内容应当包括：拟派出的项目负责人与主要技术人员的简历、业绩和拟用于完成招标项目的机械设备等。

3. 关于 I 选项的考核，通常进行反向描述，如"投标人不得修改已发出的投标文件"，进行干扰式的考核。

4. 关于 L 选项的考核，易将"较低"更改为"较高"进行混淆。

5. M 选项中的"连带责任"是考核的重点。

考点 8　依据《招标投标法实施条例》的招标范围和方式

（题干）依据《招标投标法实施条例》，有（ABCD）的情形，可以不进行招标。

A. 已通过招标方式选定的特许经营项目投资人依法能够自行建设、生产或者提供的项目

B. 采购人依法能够自行建设、生产或者提供的项目

C. 需要采用不可替代的专利或者专有技术的项目

D. 需要向原中标人采购工程、货物或者服务，否则将影响施工或者功能配套要求的项目

E. 采用公开招标方式的费用占项目合同金额比例过大的项目

F. 只有少量潜在投标人可供选择的项目

G. 技术复杂、有特殊要求的项目

H. 受自然环境限制的项目

I. 大型基础设施、公用事业等关系社会公共利益的项目

J. 大型基础设施、公用事业等关系社会公众安全的项目

K. 全部或者部分使用国有资金投资的项目

L. 国家融资的项目
M. 使用国际组织或者外国政府贷款的项目
N. 使用国际组织或者外国援助资金的项目

> **细说考点**
>
> 1. 本考点还可能考查的题目如下：
> (1) 依据《招标投标法实施条例》，国有资金占控股或者主导地位的依法必须进行招标的项目，应当公开招标，但有（EFGH）的情形，可以邀请招标。
> (2) 依据《招标投标法》，必须进行施工招标的工程项目是（IJKLMN）。
> 2. 关于该考点，主要应对"可以不进行招标的范围"与"可以采用邀请招标的情形"进行对比记忆，需要公开招标的情形对该考点干扰难度系数并不是很大。

考点9 《招标投标法实施条例》规定的招标文件与资格审查

（题干）根据《招标投标法实施条例》，潜在投标人对招标文件有异议的，应当在投标截止时间（D）日前提出。

A. 2
B. 3
C. 5
D. 10
E. 15

> **细说考点**
>
> 1. A 选项中涉及的考点为：如潜在投标人或者其他利害关系人对资格预审文件有异议的提出时限。
> 2. B 选项中涉及的考点为：（1）招标人应当自收到异议之日起 3 日内作出答复；（2）招标人对已发出的资格预审文件进行澄清或者修改的内容可能影响资格预审申请文件编制的，招标人应当在提交资格预审申请文件截止时间至少 3 日前，以书面形式通知所有获取资格预审文件的潜在投标人。
> 3. C 选项中涉及的考点为：（1）资格预审文件或者招标文件的发售期不得少于 5 日；（2）依法必须进行招标的项目提交资格预审申请文件的时间，自资格预审文件停止发售之日起不得少于 5 日。
> 4. E 选项中涉及的考点为：招标人对已发出的招标文件进行澄清或者修改的内容可能影响投标文件编制的，招标人应当在投标截止时间至少 15 日前，以书面形式通知所有获取招标文件的潜在投标人。
> 5. 招标人发售资格预审文件、招标文件收取的费用应当限于补偿印刷、邮寄的成本支出，不得以营利为目的。

考点 10 《招标投标法实施条例》规定的招标工作的实施

(题干)根据《招标投标法实施条例》，关于招标工作实施的说法，正确的有（ABCDEFGHIJKLMNOPQR）。

A. 招标人不得利用划分标段限制或者排斥潜在投标人

B. 依法必须进行招标的项目的招标人不得利用划分标段规避招标

C. 招标人不得以不合理的条件限制、排斥潜在投标人或者投标人

D. 技术复杂或者无法精确拟定技术规格的项目，招标人可以分两阶段进行招标

E. 招标人不得组织单个或者部分潜在投标人踏勘项目现场

F. 对于采用两阶段招标的项目，投标人在第一阶段向招标人提交的文件是不带报价的技术建议

G. 采用两阶段招标的，投标人应当在第二阶段提交投标保证金

H. 采用两阶段招标的，在第二阶段，招标人应向在第一阶段提交技术建议的投标人提供招标文件

I. 采用两阶段招标的，投标有效期从提交投标文件的截止之日起算

J. 投标保证金不得超过招标项目估算价的2%

K. 投标保证金有效期应当与投标有效期一致

L. 招标人不得挪用投标保证金

M. 招标人可以自行决定是否编制标底

N. 一个招标项目只能有一个标底

O. 标底必须保密

P. 接受委托编制标底的中介机构不得参加受托编制标底项目的投标，也不得为该项目的投标人编制投标文件或者提供咨询

Q. 招标人不得规定最低投标限价

R. 招标人设有最高投标限价的，应当在招标文件中明确该最高限价或其计算方法

细说考点

1. F选项中，关于"不带报价的技术建议"的干扰选项通常设置为：不带报价的技术方案；带报价的技术建议；带报价的技术方案；含投标报价的投标文件；最终技术方案。

2. J选项为常考知识点，还可以"根据《招标投标法实施条例》，投标保证金不得超过（　　）"的形式进行考核。该处的干扰选项通常为：招标项目估算价的3%；投标报价的2%；投标报价的3%，即在百分比和基数上动手脚。

3. 根据《招标投标法实施条例》，属于以不合理条件限制、排斥潜在投标人或投标人的情形有（ABCDEFGHIJ）。

A. 设定的技术和商务条件与合同履行无关
B. 设定的资格条件与招标项目的具体特点和实际需要不相适应
C. 就同一招标项目向潜在投标人提供有差别的项目信息
D. 就同一招标项目向投标人提供有差别的项目信息
E. 以特定行业的业绩作为加分条件
F. 以特定行政区域作为中标条件
G. 对潜在投标人或者投标人采取不同的资格审查或者评标标准
H. 对招标项目指定特定的品牌和原产地
I. 限定或者指定特定的专利、商标或者供应商
J. 非法限定潜在投标人或者投标人的所有制形式或者组织形式

考点 11 《招标投标法实施条例》规定的串通投标

（题干）根据《招标投标法实施条例》，视为投标人相互串通投标的情形有（ABCDEFGH）。

A. 不同投标人委托同一单位或个人办理投标事宜
B. 不同投标人的投标保证金从同一单位的账户转出
C. 不同投标人的投标保证金从同一个人的账户转出
D. 不同投标人的投标文件载明的项目管理成员为同一人
E. 不同投标人的投标文件异常一致
F. 不同投标人的投标报价呈规律性差异
G. 不同投标人的投标文件相互混装
H. 不同投标人的投标文件由同一单位或个人编制
I. 投标人之间协商投标报价
J. 投标人之间约定中标人
K. 投标人之间约定部分投标人放弃投标或者中标
L. 属于同一集团、协会、商会等组织成员的投标人按照该组织要求协同投标
M. 投标人之间为谋取中标或者排斥特定投标人而采取的其他联合行动
N. 招标人在开标前开启投标文件并将有关信息泄露给其他投标人
O. 招标人直接或者间接向投标人泄露标底
P. 投标人接到招标人明示或暗示其压低或者抬高投标报价的信号
Q. 招标人授意投标人撤换、修改投标文件
R. 招标人明示或暗示投标人为特定投标人中标提供方便
S. 招标人与投标人为谋求特定投标人中标而采取的串通行为

> **细说考点**
>
> 1. 根据《招标投标法实施条例》,属于投标人相互串通投标的情形有(IJKLM)。
> 2. 根据《招标投标法实施条例》,属于招标人与投标人串通投标的情形有(NOPQRS)。
> 3. 上述 A~S 选项相互之间为干扰选项,考生应注意区分,尤其是"视为投标人相互串通投标的情形"与"投标人相互串通投标的情形"。

考点 12 《招标投标法实施条例》关于开标、评标和中标的规定

(题干)下列关于开标、评标和中标的说法中,符合《招标投标法实施条例》规定的有(ABCDEFGHIJKLMN)。

A. 投标人少于 3 个,不得开标,招标人应当重新招标

B. 超过 1/3 的评标委员会成员认为评标时间不够,招标人应当适当延长

C. 招标文件没有规定的评标标准和方法不得作为评标的依据

D. 标底只能作为评标的参考,不得以投标报价是否接近标底作为中标条件,也不得以投标报价超过标底上下浮动范围作为否决投标的条件

E. 投标人的澄清、说明应当采用书面形式,并不得超出投标文件的范围或者改变投标文件的实质性内容

F. 必须进行招标的项目,招标人应当自收到评标报告之日起 3 日内公示中标候选人

G. 中标候选人的公示期不得少于 3 日

H. 国有资金占控股或者主导地位的依法必须进行招标的项目,招标人应当确定排名第一的中标候选人为中标人

I. 招标人和中标人不得再行订立背离合同实质性内容的其他协议

J. 招标人最迟应当在书面合同签订后 5 日内向中标人和未中标的投标人退还投标保证金及银行同期存款利息

K. 招标文件要求中标人提交履约保证金的,履约保证金不得超过中标合同金额的 10%

L. 中标人不得向他人转让中标项目

M. 中标人不得将中标项目肢解后分别向他人转让

N. 接受分包的人应当具备相应的资格条件,并不得再次分包

> **细说考点**
>
> 1. 关于 E 选项涉及的知识点,考生应注意"书面形式""是否超出投标文件的范围""实质性内容"三个点。
> 2. 关于 J 选项涉及的知识点,还可以"招标人最迟应当在书面合同签订后(   )日内向中标人和未中标的投标人退还投标保证金"的形式进行考核。
> 3. A、B、F、G、J、K 均易以数字题的形式进行单独考核。

4. 根据《招标投标法实施条例》，评标委员会应当否决投标的情形有（ABCDEFG）。

A. 投标人不符合招标文件规定的资格条件
B. 投标联合体没有提交共同投标协议
C. 投标文件未经投标单位盖章和单位负责人签字
D. 投标报价低于成本
E. 非招标文件要求提交备选投标的情形下，同一投标人提交两个以上不同的投标文件
F. 投标文件没有对招标文件的实质性要求和条件作出响应
G. 投标人有串通投标、弄虚作假、行贿等违法行为
H. 投标报价低于招标控制价
I. 投标报价高于工程成本

C选项中，考生应注意单位盖章和单位负责人签字要同时具备。H选项中，低于招标控制价，并非"投标报价高于招标文件设定的最高投标限价"，故不属于应当否决的情形。I选项进行了反向表述，只要认真审题，均应得分。

考点 13　政府采购当事人

（题干）依据《政府采购法》，政府采购的当事人包括采购人、供应商和采购代理机构等，其中，供应商参加政府采购活动应当具备的条件包括（ABCDE）。

A. 具有独立承担民事责任的能力
B. 具有良好的商业信誉和健全的财务会计制度
C. 具有履行合同所必需的设备和专业技术能力
D. 有依法缴纳税收和社会保障资金的良好记录
E. 参加政府采购活动前三年内，在经营活动中没有重大违法记录

细说考点

1. 采购人可以根据采购项目的特殊要求，规定供应商的特定条件，但不得以不合理的条件对供应商实行差别待遇或者歧视待遇。

2. 关于该考点还应了解：采购人采购纳入集中采购目录的政府采购项目，必须委托集中采购机构代理采购；采购未纳入集中采购目录的政府采购项目，可以自行采购，也可以委托集中采购机构在委托的范围内代理采购。是否纳入集中采购目录的政府采购项目其采购要求有所不同。

3. 依据《政府采购法实施条例》，采购人不得向供应商索要或者接受其给予的赠品、回扣或者与采购无关的其他商品、服务。

考点 14　政府采购的方式

(题干) 下列情形中的货物或者服务,可以依照《政府采购法》采用邀请招标方式采购的是（AB）。

A. 具有特殊性,只能从有限范围的供应商处采购的
B. 采用公开招标方式的费用占政府采购项目总价值的比例过大的
C. 招标后没有供应商投标且重新招标未能成立的
D. 招标后没有合格标的且重新招标未能成立的
E. 技术复杂或者性质特殊,不能确定详细规格或者具体要求的
F. 采用招标所需时间不能满足用户紧急需要的
G. 不能事先计算出价格总额的
H. 只能从唯一供应商处采购的
I. 发生了不可预见的紧急情况不能从其他供应商处采购的
J. 必须保证原有采购项目一致性,需要继续从原供应商处添购,且添购资金总额不超过原合同采购金额百分之十的
K. 必须保证原有采购项目服务配套的要求,需要继续从原供应商处添购,且添购资金总额不超过原合同采购金额百分之十的

细说考点

1. 本考点还可能考查的题目如下：
（1）下列情形中的货物或者服务,可以依照《政府采购法》采用竞争性谈判方式采购的是（CDEFG）。
（2）基于上述选项,下列情形中的货物或者服务,可以依照《政府采购法》采用单一来源方式采购的是（HIJK）。
2. 依据《政府采购法》,政府采购采用的方式包括：公开招标；邀请招标；竞争性谈判；单一来源采购；询价；国务院政府采购监督管理部门认定的其他采购方式。需要注意的是公开招标应作为政府采购的主要采购方式。
3. 依据《政府采购法实施条例》的规定,列入集中采购目录的项目,适合实行批量集中采购的,应当实行批量集中采购,但紧急的小额零星货物项目和有特殊要求的服务、工程项目除外。

考点 15　政府采购程序

(题干) 依据《政府采购法》,在招标采购中,出现（ABCDE）情形,应予废标。

A. 符合专业条件的供应商不足三家的
B. 对招标文件作实质响应的供应商不足三家的

C. 出现影响采购公正的违法、违规行为的
D. 投标人的报价均超过了采购预算，采购人不能支付的
E. 因重大变故，采购任务取消的

细说考点

1. 应注意的是：废标后，采购人应当将废标理由通知所有投标人，而不是部分投标人。除采购任务取消情形外，应当重新组织招标。
2. 采用竞争性谈判方式采购的程序：成立谈判小组→制定谈判文件→确定邀请参加谈判的供应商名单→谈判→确定成交供应商。
3. 采取询价方式采购的，应当遵循下列程序：成立询价小组→确定被询价的供应商名单→询价→确定成交供应商。
4. 依据《政府采购法实施条例》的规定，招标文件的提供期限自招标文件开始发出之日起不得少于5个工作日。

考点16 政府采购合同

(题干) 关于政府采购合同的说法中，符合《政府采购法》规定的是（ABCDEFGHI）。
A. 政府采购合同适用《合同法》
B. 按照平等、自愿的原则以合同方式约定采购合同
C. 采购人可以委托采购代理机构代表其与供应商签订政府采购合同
D. 政府采购合同的形式为书面形式
E. 在中标、成交通知书发出之日起30日内签订政府采购合同
F. 中标、成交通知书对采购人和中标、成交供应商均具有法律效力
G. 政府采购项目的采购人将合同副本报同级政府采购监督管理部门备案的时限为采购合同自签订之日起7个工作日内
H. 中标、成交供应商采取分包方式履行合同的，需经采购人同意
I. 在不改变合同其他条款的前提下，可以与供应商协商签订补充合同，但所有补充合同的采购金额不得超过原合同采购金额的10%

细说考点

1. 关于C选项涉及的考点应注意的是：代理机构应当提交采购人的授权委托书。
2. E、G选项涉及的时限也可以单独进行单项选择题形式的考核。
3. I选项中，补充合同金额的限制需要进行精准记忆。

考点 17　合同的形式及内容

(题干) 关于合同形式的说法，正确的有（ABCDEFGH）。

A. 建设工程合同应当采用书面形式
B. 当事人订立合同，有书面形式、口头形式和其他形式
C. 书面形式是指合同书、信件和数据电文（包括电报、电传、传真）等可以有形地表现所载内容的形式
D. 电子数据交换和电子邮件可以作为书面形式合同
E. 电话联系可以构成口头合同
F. 合同书有标准合同书与非标准合同书之分
G. 标准合同书是指合同条款由当事人一方预先拟定，对方只能表示同意或者不同意的合同书，也即格式条款合同
H. 非标准合同书是指合同条款完全由当事人双方协商一致所签订的合同书

> **细说考点**
>
> 1. 上述选项的错误表达方式可以有：电子数据交换不能直接作为书面合同；合同有书面和口头两种形式；书面形式限制了当事人对合同内容的协商；标准合同书是指合同条款完全由当事人双方协商一致所签订的合同书等。
>
> 2. 合同的内容由当事人约定，一般包括：当事人的名称或姓名和住所，标的，数量，质量，价款或者报酬，履行的期限、地点和方式，违约责任，解决争议的方法。

考点 18　要约及要约邀请

(题干) 关于要约及要约邀请的说法中，正确的是（ABCDEFGHIJ）。

A. 要约是希望与他人订立合同的意思表示
B. 内容具体确定是要约有效的条件之一
C. 要约邀请是希望他人向自己发出要约的意思表示
D. 要约邀请不是合同成立过程中的必经过程
E. 寄送的价目表、拍卖公告、招标公告、招股说明书等属于要约邀请
F. 要约到达受要约人时生效
G. 要约可以撤回
H. 撤回要约的通知应当在要约到达受要约人之前或者与要约同时到达受要约人
I. 受要约人有理由认为要约是不可撤销的，该要约不得撤销
J. 撤销要约的通知应当在受要约人发出承诺通知之前到达受要约人

细说考点

1. 本考点还可能考查的要点主要有：

(1) 合同订立过程中，属于要约失效的情形是（ABCD）。

A. 拒绝要约的通知到达要约人

B. 要约人依法撤销要约

C. 承诺期限届满，受要约人未作出承诺

D. 受要约人对要约的内容作出实质性变更

该处的干扰选项可以设置为：承诺通知到达要约人；受要约人依法撤销承诺；要约人在承诺期限内未作出承诺等。

(2) 要约不得撤销的情形包括：要约人确定了承诺期限或者以其他形式明示要约不可撤销；受要约人有理由认为要约是不可撤销的，并已经为履行合同作了准备工作。

2. 考生应能明确区分要约与要约邀请的不同。

3. 关于要约的撤销与撤回是很好的命题点，考生应注意把握。

考点19　承诺

（题干）根据《合同法》，下列关于承诺的说法，正确的是（ABCDEFGHIJKLM）。

A. 承诺是受要约人同意要约的意思表示

B. 除非当事人另有约定，以对话方式作出的要约应当即时作出承诺

C. 以非对话方式作出的要约，承诺应当在合理期限内到达

D. 承诺通知到达要约人时生效

E. 承诺可以撤回

F. 撤回承诺的通知应当在承诺通知到达要约人之前或者与承诺通知同时到达要约人

G. 合同报酬、履行期限、履行地点和方式、违约责任和解决争议方法等的变更，是对要约内容的实质性变更

H. 合同标的、数量、质量、价款等的变更，是对要约内容的实质性变更

I. 受要约人对要约的内容作出实质性变更的，为新要约

J. 受要约人超过承诺期限发出承诺的，除要约人及时通知受要约人该承诺有效的以外，为新要约

K. 承诺的内容应当与要约的内容一致

L. 承诺不需要通知的，根据交易习惯或者要约的要求作出承诺的行为时生效

M. 承诺对要约的内容作出非实质性变更的，除要约人及时表示反对或者要约表明承诺不得对要约的内容作出任何变更的以外，该承诺有效

> **细说考点**
>
> 1. 关于 D 选项的考核形式,还可以"合同订立程序中,承诺在( )时生效"的形式进行考核。
> 2. 关于承诺撤回的知识点也是需要考生熟练掌握的。
> 3. I、J、M 属于易错的知识点,考生应多加注意。
> 4. 下面提供两道习题供考生参考复习:
> (1) 根据《合同法》,下列关于承诺的说法,正确的是(D)。
> A. 承诺期限自要约发出时开始计算
> B. 承诺通知一经发出不得撤回
> C. 承诺可对要约的内容作出实质性变更
> D. 承诺的内容应当与要约的内容一致
> (2) 根据《合同法》,下列关于承诺的说法,正确的是(B)。
> A. 发出后的承诺通知不得撤回
> B. 承诺通知到达要约人时生效
> C. 超过承诺期限发出的承诺视为新要约
> D. 承诺的内容可以与要约的内容不一致

考点 20 格式条款

(题干) 根据《合同法》,下列关于格式条款的说法,正确的是(**ABCDEF**)。

A. 采用格式条款订立合同,有利于提高当事人双方合同订立过程的效率,减少交易成本

B. 采用格式条款订立合同,有利于避免合同订立过程中因当事人双方一事一议而可能造成的合同内容的不确定性

C. 提供格式条款一方免除自己责任、加重对方责任、排除对方主要权利的,该条款无效

D. 《合同法》规定的合同无效的情形适用于格式条款

E. 对格式条款的理解发生争议,且对格式条款有两种以上解释的,应当作出不利于提供格式条款一方的解释

F. 格式条款和非格式条款不一致的,应当采用非格式条款

> **细说考点**
>
> 1. 该例题中,关于 C、E、F 选项的考核,命题人常常将其进行反向表述,作为错误选项进行考核。

2.错误说法：格式条款和非格式条款不一致的，应当采用格式条款；对格式条款的理解发生争议的，应当作出有利于提供格式条款一方的解释；提供格式条款一方免除对方责任、加重己方责任、排除自己主要权利的，该条款无效。

考点 21　合同的成立与缔约过失责任

（题干）判断合同是否成立的依据是（D）。
A.合同是否生效　　　　　　　　B.合同是否产生法律约束力
C.要约是否生效　　　　　　　　D.承诺是否有效

细说考点

1.考生应清楚承诺生效时合同成立。采用合同书形式订立合同的，自双方当事人签字或者盖章时合同成立。

2.关于缔约过失责任需要掌握的要点有：

（1）缔约过失责任的构成要件：当事人有过错；有损害后果的发生；当事人的过错行为与造成的损失有因果关系。

（2）当事人在订立合同过程中有下列情形之一，给对方造成损失的，应当承担损害赔偿责任：

① 假借订立合同，恶意进行磋商；

② 故意隐瞒与订立合同有关的重要事实或者提供虚假情况；

③ 有其他违背诚实信用原则的行为。

考点 22　合同的生效

（题干）关于合同生效的说法，正确的是（ABCDEFGHI）。

A.与合同生效不同，合同的成立，是指双方当事人依照有关法律对合同的内容进行协商并达成一致的意见

B.合同生效，是指合同产生法律上的效力，具有法律约束力

C.依法成立的合同，自成立时生效

D.附生效条件的合同，自条件成就时生效

E.附解除条件的合同，自条件成就时失效

F.当事人为自己的利益不正当地阻止条件成就的，视为条件已成就

G.当事人不正当地促成条件成就的，视为条件不成就

H.附生效期限的合同，自期限届至时生效

I.附终止期限的合同，自期限届满时失效

> **细说考点**
>
> 本题中，D 与 E 选项，F 与 G 选项，H 与 I 选项是三对关于生效与失效的易错点，考生应避免混淆。

考点 23　无效合同与可变更或者撤销的合同

(题干) 根据《合同法》，下列各类合同中，属于无效合同的有（ABCDEFG）。
A. 恶意串通损害第三人利益的合同
B. 损害社会公共利益的合同
C. 一方以欺诈、胁迫的手段订立合同，损害国家利益的合同
D. 恶意串通，损害国家利益的合同
E. 恶意串通，损害集体利益的合同
F. 以合法形式掩盖非法目的的合同
G. 违反法律、行政法规强制性规定的合同
H. 一方以欺诈手段订立的合同
I. 订立合同时显失公平的合同
J. 一方以胁迫手段订立的合同
K. 一方乘人之危订立的合同
L. 因重大误解订立的合同
M. 造成对方人身伤害的合同
N. 因故意造成对方财产损失的合同
O. 因重大过失造成对方财产损失的合同
P. 限制民事行为能力人订立的合同
Q. 行为人没有代理权却以被代理人名义订立的合同
R. 行为人超越代理权以被代理人名义订立的合同
S. 行为人代理权终止后以被代理人名义订立的合同

> **细说考点**
>
> 1. 本考点还可能考查的题目如下：
> (1) 根据《合同法》，属于可变更或可撤销合同的是（HIJKL）。
> (2) 根据《合同法》，合同中有（MNO）情形的，免责条款无效。
> (3) 根据《合同法》，效力待定合同包括（PQRS）。
> 2. C 选项中，"一方以欺诈、胁迫的手段订立的合同"划分为无效合同还是可变更或可撤销合同的关键点在于其是否"损害国家利益"，损害国家利益则无效。

考点 24　合同履行的一般规则

(题干) 根据《合同法》，合同生效后，当事人就价款约定不明确又未能补充协议的，合同价款应按（A）履行。

A. 订立合同时履行地的市场价格
B. 订立合同时付款方所在地市场价格
C. 标的物交付时政府指导价
D. 标的物交付时市场价格
E. 履行义务一方所在地市场价格

> **细说考点**
> 1. 本题的干扰选项通常可以设置为：合同订立地；给付货币所在地。
> 2. 本考点在考试中还可能考查我们的要点有：根据《合同法》，合同生效后，履行地点不明确，给付货币的，在接受货币方所在地履行。

考点 25　合同履行的特殊规则

(题干) 根据《合同法》，执行政府定价或政府指导价的合同，(ABCDEFG)。

A. 在合同约定的交付期限内政府价格调整时，按照交付时的价格计价
B. 逾期交付标的物的，遇价格上涨时，按照原价格执行
C. 逾期交付标的物的，遇价格下降时，按照新价格执行
D. 逾期提取标的物的，遇价格上涨时，按照新价格执行
E. 逾期提取标的物的，遇价格下降时，按照原价格执行
F. 逾期付款的，遇价格上涨时，按照新价格执行
G. 逾期付款的，遇价格下降时，按照原价格执行

> **细说考点**
> 关于该考点，考生应谨记按照"不利于违约一方"的原则执行，即可轻松作答。

考点 26　违约责任的特点及其承担方式

(题干) 根据《合同法》，关于合同当事人违约责任特点及其承担方式的说法中，正确的有（ABCDEFGHIJKLMNOPQRST）。

A. 违约责任以违反合同义务为要件
B. 违约责任可由当事人在法定范围内约定

C. 违约责任是一种民事赔偿责任

D. 违约责任按损益相当的原则确定

E. 违约责任以有效合同为前提

F. 违约方向守约方承担的民事责任，无论是违约金还是赔偿金，均是平等主体之间的支付关系

G. 当事人一方不履行合同义务或者履行合同义务不符合约定的，应当承担继续履行、采取补救措施或者赔偿损失等违约责任

H. 继续履行是承担违约责任的首选方式

I. 对违约责任补救措施约定不明确的，可以协议补充

J. 对违约责任补救措施没有约定且不能达成补充协议的，按照合同有关条款或者交易习惯确定

K. 当事人一方不履行合同义务或者履行合同义务不符合约定的，在履行义务或者采取补救措施后，对方还有其他损失的，应当赔偿损失

L. 当事人可以约定一方违约时应当根据违约情况向对方支付一定数额的违约金

M. 当事人可以约定因违约产生的损失赔偿额的计算方法

N. 约定的违约金低于造成的损失的，当事人可以请求人民法院或者仲裁机构予以增加

O. 约定的违约金过分高于造成的损失的，当事人可以请求人民法院或者仲裁机构予以适当减少

P. 当事人就迟延履行约定违约金的，违约方支付违约金后，还应当履行债务

Q. 给付定金的一方如不履行债务，无权要求返还定金

R. 收受定金的一方不履行约定的债务的，应当双倍返还定金

S. 当事人既约定违约金，又约定定金的，一方违约时，对方可以选择适用违约金或者定金条款

T. 债务人履行债务后，定金应当抵作价款或者收回

> **细说考点**
>
> 1. 本考点还可能考查的题目如下：
> （1）根据《合同法》，合同当事人违约责任的特点有（ABCDEF）。
> （2）关于违约责任承担方式中，继续履行、补救与赔偿的说法中，符合《合同法》规定的有（GHIJK）。
> （3）根据《合同法》，关于违约金的说法中，正确的是（LMNOP）。
> （4）根据《合同法》，关于定金的说法，正确的是（QRST）。
>
> 2. 考生应注意S选项中的违约金和定金只能选择其一适用，并非必然适用其中一种或者同时适用。
>
> 3. 关于T选项的干扰选项易设置为：债务人准备履行债务时，定金应当收回，即考核的要点为"定金抵作价款或者收回的时限"。

考点 27　合同争议的解决

（题干）关于合同争议解决的说法中，正确的有（ABCDEFGHIJKLM）。

A. 合同争议的解决方式有和解、调解、仲裁或者诉讼

B. 和解与调解是解决合同争议的常用和有效方式

C. 和解没有第三人介入，合同当事人双方在自愿、互谅的基础上自行解决争议

D. 调解具有方法灵活、程序简便、节省时间和费用、不伤害发生争议的合同当事人双方的感情等特征

E. 调解的形式包括民间调解、仲裁机构调解和法庭调解

F. 根据《仲裁法》，对于合同争议的解决，实行"或裁或审制"

G. 仲裁裁决具有法律约束力

H. 仲裁裁决的强制执行须向人民法院申请

I. 裁决作出后，当事人就同一争议再申请仲裁或者向人民法院起诉的，仲裁机构或者人民法院不予受理

J. 当事人对仲裁协议的效力有异议的，可以请求仲裁机构作出决定或者请求人民法院作出裁定

K. 仲裁裁决被人民法院依法裁定撤销或者不予执行的合同当事人可以选择诉讼方式解决合同争议

L. 对于一般的合同争议，由被告住所地或者合同履行地人民法院管辖

M. 建设工程施工合同纠纷以施工行为地为合同履行地

细说考点

1. G 选项涉及的知识点中，仲裁裁决具有法律约束力，"仲裁裁决在当事人认可后具有法律约束力"的说法是不对的。

2. 关于 I 选项涉及的知识点，体现出仲裁一裁终局的特点。

3. 关于 L 选项涉及的知识点，此处的干扰选项通常可以设置为：原告住所地；合同签订地等。

考点 28　经营者的价格行为

（题干）根据《价格法》，经营者有权制定的价格有（ABCD）。

A. 属于市场调节的价格

B. 属于政府定价产品范围内的新产品的试销价格

C. 在政府指导价规定的幅度内制定价格

D. 属于政府指导价产品范围内的新产品的试销价格

E. 自然垄断经营的商品价格

F. 资源稀缺的少数商品价格
G. 重要的公益性服务价格
H. 与国民经济发展和人民生活关系重大的极少数商品价格
I. 重要的公用事业价格

> **细说考点**
> 1. 本考点还可能考查的题目：根据《价格法》，对（EFGHI），政府在必要时可以实行政府指导价或政府定价。
> 2. 考生应注意区分经营者权利的内容与政府在必要时可以实行政府指导价或政府定价的内容。通常两部分内容互为干扰选项进行考核。
> 3. 考生应对经营者违规行为进行简单的了解。

考点29　政府的定价行为

（题干）根据《价格法》，政府可依据有关商品或者服务的社会平均成本和市场供求状况、国民经济与社会发展要求以及社会承受能力，实行合理的（ABCD）。
A. 购销差价　　　　　　　　B. 批零差价
C. 地区差价　　　　　　　　D. 季节差价

> **细说考点**
> 1. 本题的干扰选项还可以设置为：利税差价；限定差价；均衡差价；固定差价等。
> 2. 在制定关系群众切身利益的公用事业价格、公益性服务价格、自然垄断经营的商品价格时，应当建立听证会制度，征求消费者、经营者和有关方面的意见。

考点30　注册造价工程师的执业范围

（题干）依据《造价工程师职业资格制度规定》，二级造价工程师主要协助一级造价工程师开展相关工作，可独立开展的具体工作包括（ABCDEFGHI）。
A. 建设工程工料分析　　　　　B. 计划、组织与成本管理
C. 施工图预算编制　　　　　　D. 设计概算编制
E. 建设工程量清单编制　　　　F. 招标控制价编制
G. 投标报价编制　　　　　　　H. 建设工程合同价款的编制
I. 结算和竣工决算价款的编制

细说考点

1. 关于注册造价工程师执业范围的考点，易以多项选择题的形式进行考核。

2. 注意与一级造价工程师的执业范围进行区分。关于此类问题考生应当心命题人以偷梁换柱的手法进行干扰。

3. 一级造价工程师的执业范围包括：

（1）项目建议书、可行性研究投资估算与审核，项目评价造价分析；

（2）建设工程设计概算、施工预算编制和审核；

（3）建设工程招标文件工程量和造价的编制与审核；

（4）建设工程合同价款、结算价款、竣工决算价款的编制与管理；

（5）建设工程审计、仲裁、诉讼、保险中的造价鉴定，工程造价纠纷调解；

（6）建设工程计价依据、造价指标的编制与管理；

（7）与工程造价管理有关的其他事项。

考点 31　工程造价咨询企业的资质等级标准

（题干） 根据《工程造价咨询企业管理办法》，甲级工程造价咨询企业资质标准为（**ABCDEFGHIJKLMNO**）。

A. 技术负责人是注册造价工程师，并具有工程或工程经济类高级专业技术职称，且从事工程造价专业工作 15 年以上

B. 已取得乙级工程造价咨询企业资质证书满 3 年的企业，方可申请甲级资质

C. 专职从事工程造价专业工作的人员不少于 20 人

D. 企业专职从事工程造价专业工作的人员中，注册造价工程师不少于 10 人

E. 专职从事工程造价专业工作的人员中，具有工程或者工程经济类中级以上专业技术职称的人员不少于 16 人

F. 企业注册资本不少于人民币 100 万元

G. 近 3 年工程造价咨询营业收入累计不低于人民币 500 万元

H. 在申请核定资质等级之日前 3 年内无违规行为

I. 企业出资人中注册造价工程师人数不低于出资人总人数的 60%

J. 企业出资人中注册造价工程师的出资额应不低于企业注册资本总额的 60%

K. 企业为本单位专职专业人员办理的社会基本养老保险手续齐全

L. 具有固定的办公场所，人均办公建筑面积不少于 10m²

M. 专职专业人员人事档案关系由国家认可的人事代理机构代为管理

N. 企业与专职专业人员签订劳动合同，且专职专业人员符合国家规定的职业年龄（出资人除外）

O. 技术档案管理制度、质量控制制度、财务管理制度齐全

P. 技术负责人从事工程造价专业工作 10 年以上

Q. 专职专业人员不少于12人

R. 企业专职从事工程造价专业工作的人员中注册造价工程师不少于6人

S. 暂定期内工程造价咨询营业收入累计不低于人民币50万元

T. 企业注册资本不少于人民币50万元

> **细说考点**
>
> 1. 本题中，I、J、K、L、M、N、O选项属于甲级与乙级共同的等级标准，综合记忆可以减少考生的记忆量，并能够提高作答的准确率。
>
> 2. 根据《工程造价咨询企业管理办法》，关于乙级工程造价咨询企业资质标准的说法，正确的是（HIJKLMNOPQRST）。
>
> 3. 甲级资质标准与乙级资质标准通常互为干扰选项进行考核。考生应熟练掌握两级资质标准涉及的不同年限、人数、注册资本及营业收入的具体数字，避免混淆。

考点32 工程造价咨询的业务承接

（题干）根据《工程造价咨询企业管理办法》，下列关于工程造价咨询企业的说法，正确的有（ABCDEFGHIJKLMNOPQRSTUV）。

A. 工程造价咨询企业依法从事工程造价咨询活动，不受行政区域限制

B. 甲级工程造价咨询企业可以从事各类建设项目的工程造价咨询业务

C. 乙级工程造价咨询企业可以从事工程造价5000万元人民币以下的各类建设项目的工程造价咨询业务

D. 工程造价咨询企业可以对建设项目的组织实施进行全过程或者若干阶段的管理和服务

E. 工程造价咨询企业从事工程造价咨询业务，应按合同或约定出具工程造价成果文件

F. 工程造价成果文件应当由工程造价咨询企业加盖有企业名称、资质等级及证书编号的执业印章，并由执行咨询业务的注册造价工程师签字、加盖个人执业印章

G. 工程造价咨询企业设立分支机构的，应当自领取分支机构营业执照之日起30日内，持相关资料进行备案

H. 设立分支机构进行备案的材料应包括拟在分支机构执业的不少于3名注册造价工程师的注册证书复印件

I. 设立分支机构进行备案的材料应包括工程造价咨询企业资质证书复印件

J. 设立分支机构进行备案的材料应包括分支机构营业执照复印件

K. 设立分支机构进行备案的材料应包括分支机构固定办公场所的租赁合同或产权证明

L. 省、自治区、直辖市人民政府住房城乡建设主管部门应当在接受备案之日起20日内，报国务院住房城乡建设主管部门备案

M. 工程造价咨询企业跨省、自治区、直辖市承接工程造价咨询业务的，应当自承接业务之日起30日内到建设工程所在地省、自治区、直辖市人民政府住房城乡建设主管部门

备案

N. 分支机构不得以自己名义承接工程造价咨询业务、订立工程造价咨询合同、出具工程造价成果文件

O. 分支机构从事工程造价咨询业务，应当由设立该分支机构的工程造价咨询企业负责承接工程造价咨询业务、订立工程造价咨询合同、出具工程造价成果文件

P. 建设项目合同价款的确定属于工程造价咨询业务范围

Q. 合同价款的签订、调整与工程款支付，工程结算、竣工结算和决算报告的编制与审核均属于工程造价咨询业务范围

R. 工程造价咨询企业可鉴定工程造价经济纠纷

S. 工程造价咨询企业可编制工程项目经济评价报告

T. 工程造价咨询企业可以提供工程造价信息服务

U. 工程造价咨询企业可以编制和审核建设项目建议书及可行性研究投资估算

V. 工程造价咨询企业可以编制与审核建设项目的概预算，并配合设计方案比选、优化设计、限额设计等工作进行工程造价分析与控制

细说考点

1. 本考点还可能考查的题目如下：

(1) 关于企业分支机构备案的相关表述中，正确的有（GHIJKL）。

(2) 关于工程造价咨询业务范围的说法中，正确的有（PQRSTUV）。

2. 关于 N 选项涉及的考点中，还可以"根据《工程造价咨询企业管理办法》，工程造价咨询企业设立的分支机构不得以自己名义进行的工作有（　　）"的形式进行考核，该处的干扰选项可以设置为：委派工程造价咨询项目负责人；组建工程造价咨询项目管理机构。

3. 关于 C、G、H、L、M 选项中涉及的数字需要考生进行精准的记忆，该处易以单项选择题的形式进行考核。

4. 考生也应了解一下建设工程造价咨询合同一般包括的主要内容。

第二章
工程项目管理

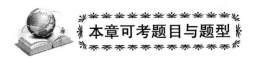
本章可考题目与题型

考点1 工程项目的组成

(题干) 根据《建筑工程施工质量验收统一标准》，下列工程中，属于分部（子分部）工程的有（**ABCDEFGHIJ**）。

A. 地基与基础工程 B. 主体结构工程
C. 装饰装修工程 D. 屋面工程
E. 给排水及采暖工程 F. 通风与空调工程
G. 建筑电气工程 H. 智能建筑工程
I. 建筑节能工程 J. 电梯工程
K. 土方开挖工程 L. 土方回填工程
M. 钢筋工程 N. 模板工程
O. 混凝土工程 P. 砖砌体工程
Q. 木门窗制作与安装工程 R. 钢结构基础工程
S. 厂房建筑工程 T. 设备安装工程
U. 工业厂房工程中的土建工程 V. 工业厂房工程中的设备安装工程
W. 工业厂房工程中的工业管道工程

> **细说考点**
>
> 1. 本考点还可能考查的题目如下：
> (1) 根据《建筑工程施工质量验收统一标准》，下列工程中，属于分项工程的有（**KLMNOPQR**）。
> (2) 根据《建筑工程施工质量验收统一标准》，下列工程中，属于单项工程的有（**ST**）。
> (3) 根据《建筑工程施工质量验收统一标准》，下列工程中，属于单位（子单位）工程的有（**UVW**）。
>
> 2. 该考点考核范围主要集中在分部工程与分项工程当中。单位工程与单项工程的内容通常以干扰选项的形式进行考核。

3.考生应注意事项：考试过程中，经常对分部（子分部）的细分进行考核。

（1）地基与基础分部工程又可细分为地基、基础、基坑支护、地下水控制、土方、边坡、地下防水等子分部工程。

（2）主体结构分部工程又可细分为混凝土结构、砌体结构、钢结构、木结构、钢管混凝土结构、型钢-混凝土结构、铝合金结构等子分部工程。

（3）装饰装修分部工程又可细分为地面、抹灰、门窗、吊顶、幕墙（金属、石材、玻璃）、轻质隔墙、饰面（板、砖）、涂饰、棱糊与软包、外墙防水等子分部工程。

（4）智能建筑分部工程又可细分为通信网络系统、计算机网络系统、建筑设备监控系统、火灾报警及消防联动系统、会议系统与信息导航系统、专业应用系统、安全防范系统、综合布线系统、智能化集成系统、电源与接地、计算机机房工程、住宅（小区）智能化系统等子分部工程。

考点 2　项目投资决策管理制度

（题干） 根据《国务院关于投资体制改革的决定》，对于采用直接投资和资本金注入方式的政府投资项目，除特殊情况外，政府主管部门不再审批（A）。

A. 项目开工报告　　　　　　　B. 项目建议书
C. 可行性研究报告　　　　　　D. 项目初步设计
E. 工程概算　　　　　　　　　F. 资金申请报告

细说考点

1.本考点还可能考查的题目如下：

（1）根据《国务院关于投资体制改革的决定》，对于采用直接投资和资本金注入方式的政府投资项目，除特殊情况外，政府需要从投资决策的角度审批（BCDE）。

（2）根据《国务院关于投资体制改革的决定》，对于采用投资补助、转贷和贷款贴息方式的政府投资项目，政府需要审批（F）。

（3）企业投资建设《政府核准的投资项目目录》中的项目时，不再经过批准（BCE）的程序。

2.本题涉及的知识点中，C、D、E选项的干扰性最强，且在考试中重复出现进行相互干扰的概率较高。

3.政府投资项目一般都要经过符合资质要求的咨询中介机构的评估论证，特别重大的项目还应实行专家评议制度。关于专家评议制度的干扰选项可以为：网上公示制度；咨询论证制度；民众听证制度等。

4.对于《政府核准的投资项目目录》以外的企业投资项目，实行备案制。

考点3 建设实施阶段的工作内容

(题干)建设单位在办理施工许可证之前应当到规定的工程质量监督机构办理工程质量监督注册手续。办理质量监督注册手续时需提供的资料有（ABCDEFGHIJK）。

A. 中标通知书
B. 施工合同
C. 监理合同
D. 施工组织设计
E. 监理规划
F. 监理实施细则
G. 施工图设计文件审查报告
H. 施工图设计文件批准书
I. 建设单位工程项目的负责人和机构组成
J. 施工单位工程项目的负责人和机构组成
K. 监理单位工程项目的负责人和机构组成

> **细说考点**
>
> 1. 本题的干扰选项主要有：施工方案；专项施工方案；施工进度计划；施工图预算；投标文件；施工图设计文件。干扰选项中的"施工图设计文件"值得考生注意，其有别于G、H选项，故不应选。
>
> 2. 本考点在考试中还可能考查的要点如下：
>
> （1）施工图设计文件的审查内容包括：①是否符合工程建设强制性标准；②地基基础和主体结构的安全性；③是否符合民用建筑节能强制性标准，对执行绿色建筑标准的项目，还应当审查是否符合绿色建筑标准；④勘察设计企业和注册执业人员以及相关人员是否按规定在施工图上加盖相应的图章和签字；⑤其他法律、法规、规章规定必须审查的内容。
>
> （2）在办理施工许可证之前应当到规定的工程质量监督机构办理工程质量监督注册手续的是建设单位。
>
> （3）工程项目开工建设准备工作中，在办理工程质量监督手续之后才能进行的工作是办理施工许可证。
>
> （4）建设工程施工许可证应当由建设单位申请领取。
>
> （5）必须申请领取施工许可证的建筑工程未取得施工许可证的，一律不得开工。

考点4 工程项目后评价

(题干)关于工程项目后评价的说法，正确的有（ABCDEF）。

A. 项目后评价是工程项目实施阶段管理的延伸
B. 项目后评价的基本方法是对比法
C. 项目效益后评价是项目后评价的重要组成部分
D. 项目后评价具体包括经济效益后评价、环境效益和社会效益后评价、项目可持续性后评价及项目综合效益后评价

E.过程后评价是指对工程项目的立项决策、设计施工、竣工投产、生产运营等全过程进行系统分析

F.过程后评价是项目后评价的重要内容

> **细说考点**
>
> 1. A 选项中的干扰选项可以为：项目后评价应在竣工验收阶段进行。
> 2. B 选项涉及的考点，又可以"项目后评价的基本方法是（　　）"的形式进行单项选择题形式的考核。
> 3. D 选项涉及的考点，又可以"项目后评价具体包括（　　）"的形式进行多项选择题形式的考核。

考点5　工程项目管理目标控制的类型

（题干） 下列控制措施中，属于工程项目目标被动控制措施的是（ABCD）。

A.跟踪目标实施情况，发现目标偏离时及时采取纠偏措施

B.测试、检查工程实施过程，发现异常情况，及时采取纠偏措施

C.明确项目管理组织中过程控制人员的职责，发现情况及时采取措施进行处理

D.建立有效的信息反馈系统，及时反馈偏离计划目标值的情况

E.制定实施计划时，考虑影响目标实现和计划实施的不利因素

F.将各种影响目标实现和计划实施的潜在因素揭示出来

G.制订必要的备用方案，以应对可能出现的影响目标实现的情况

H.消除那些造成资源不可行、技术不可行、经济不可行和财务不可行的错误和缺陷

I.高质量地做好组织工作，使组织与目标和计划高度一致

J.计划应有适当的松弛度

K.加强信息收集、整理和研究工作

> **细说考点**
>
> 1.本考点还可能考查的题目：上述控制措施中，属于工程项目目标主动控制措施的是（EFGHIJK）。
> 2.主动控制和被动控制的措施互为干扰选项，考生可从其积极性进行轻松判断。
> 3.考生应了解被动控制是一种反馈控制。

考点6　BOT 融资模式

（题干） 关于 BOT 项目融资模式的说法中，正确的有（ABCDEFG）。

A.BOT 主要适用于公共基础设施建设的项目

B. 通常所说的 BOT 主要包括标准 BOT、BOOT 及 BOO 三种基本形式

C. BOT 的演变形式包括 TOT、TBT、BT

D. 采用 TOT 模式，融资对象更为广泛，可操作性更强

E. TOT 模式适用于建设新项目

F. TBT 模式主要目的是为了促成 BOT 的实施

G. BT 模式是指建设-移交模式

> **细说考点**
>
> 1. BOT 模式的适用范围适合考查单项选择题。
> 2. BOT 模式的基本形式和演变形式应注意区分。
> 3. 最后特别了解下 TOT 模式。TOT 模式（移交-运营-移交），是从 BOT 模式演变而来的一种新型方式，具体是指用民营资金购买某个项目资产（一般是公益性资产）的经营权，购买者在约定的时间内通过经营该资产收回全部投资和得到合理的回报后，再将项目无偿移交给原产权所有人（一般为政府或国有企业）。

考点 7 PPP 融资模式的分类

（题干）特许经营类 PPP 项目包括 BOOT、BROT、PUOT、LUOT、DBFO、DBTO 等类型。社会资本购买基础设施所有权，经过一定程度的更新、扩建后经营该设施，合同期满后将基础设施及所有权移交给政府的模式是（C）。

A. BOOT B. BROT
C. PUOT D. LUOT
E. DBFO F. DBTO

> **细说考点**
>
> 1. 本考点还可能考查的题目如下：
> （1）特许经营类 PPP 项目主要有 BOT、TOT 两种形式。其中 BOT 形式可以分为（AB）。
> （2）特许经营类 PPP 项目主要有 BOT、TOT 两种形式。其中 TOT 形式可以分为（CD）。
> （3）社会资本在规定期限内融资建设基础设施项目后，对基础设施项目享有所有权，并对其经营管理，可向用户收取费用或者出售产品以偿还贷款，回收投资并获取利润。在特许经营期届满后将该基础设施移交给政府的模式是（A）。
> （4）社会资本不具有基础设施项目的所有权，但可在特许期内承租该基础设施所在地上的有形资产，这种模式属于（B）。
> （5）下列模式中，（E）是英国 PFI 架构中最主要的模式，社会资本投资建设公

共设施，通常也具有该设施所有权。

（6）社会资本为基础设施项目融资并进行建设，项目完成后将设施移交给政府，政府再授权该社会资本经营管理基础设施的模式是（F）。

2. 除了上述内容，还要私有化类 PPP 项目。私有化 PPP 项目根据私有化程度不同，分为安全私有化和部分私有化两种。完全私有化项目有 PUO 和 BOO 两种实现途径；部分私有化项目可通过股权转让和合资兴建方式实现。

3. 注意区分狭义的 PPP 模式与广义的 PPP 模式。狭义的 PPP 模式被认为是具有融资模式的总称，包含 BOT、TOT、TBT 多种具体运作模式。广义的 PPP 模式是指政府与社会资本为提供公共产品或服务而建立的各种合作关系。

考点 8　ABS 融资模式

（题干）关于 ABS 融资模式的说法，正确的有（ABCDEFGHIJK）。

A. ABS 模式通过在国际资本市场上发行债券筹集资金达到融资的目的

B. 特定用途公司 SPC 是进行 ABS 融资的载体

C. 一般投资项目所依附的资产只要在未来一定时期内能带来现金收入，就可以进行 ABS 融资

D. ABS 融资模式的物质基础是未来现金流量代表的资产

E. 特定用途公司 SPC 进行 ABS 模式融资时，其融资风险仅与项目资产未来现金收入有关，与工程项目原始权益人本身的风险无关

F. ABS 融资模式利用信用增级手段使项目资产获得预期的信用等级

G. ABS 融资模式，特定用途公司 SPC 可以直接在资本市场上发行债券募集资金

H. ABS 融资模式操作简单，融资成本低

I. ABS 融资模式在债券发行期内，项目资产的所有权属于特定用途公司 SPC，运营决策权属于原始受益人

J. ABS 项目的投资者是国际资本市场上的债券购买者，极大地分散了投资风险

K. ABS 融资模式在基础设施领域应用范围更广泛

细说考点

1. 关于该类考点，考生应进行对比记忆，避免记忆混淆。
2. ABS 模式与 BOT/PPP 模式的特点差异列表总结如下。

差异	ABS 模式	BOT/PPP 模式
运作繁简程度与融资成本不同	（1）只涉及原始权益人、特定用途公司 SPC、投资者、证券承销商等几个主体，无需政府的特许及外汇担保。 （2）操作简单、融资成本低	（1）操作复杂、难度大。 （2）必须经过项目确定、项目准备、招标、谈判、合同签署、建设、运营、维护、移交等阶段

续表

差异	ABS模式	BOT/PPP模式
项目所有权、运营权不同	（1）在债券发行期内，项目资产的所有权属于SPC，项目的运营决策权属于原始受益人。 （2）债券到期，用资产产生的收入还本付息后，资产的所有权又复归原始权益人	所有权、运营权在特许期内属于项目公司，特许期届满，所有权移交给政府
投资风险不同	投资者是国际资本市场上的债券购买者，极大地分散了投资风险	每个投资者承担的风险相对较大
适用范围不同	在基础设施领域应用更广泛	某些关系国计民生的要害部门不能采用

3. ABS融资方式的运作流程：组建特殊目的机构SPC→SPC与项目结合→进行信用增级→SPC发行债券→SPC偿债。

考点9　工程项目实施模式

(题干) 工程项目采用总分包模式的特点包括（ABCDEFGHIJ）。

A. 有利于工程项目的组织管理

B. 有利于控制工程造价

C. 有利于控制工程质量

D. 有利于缩短建设工期

E. 对建设单位而言，选择总承包单位的范围小，一般合同金额较高

F. 总承包商责任重、风险大，需要具有较高的管理水平和丰富的实践经验

G. 总承包商的责任重，获利潜力大

H. 业主合同结构简单，组织协调工作量小

I. 总包合同价格可以较早确定，业主的风险小

J. 在承包单位内部，工程质量既有分包单位的自控，又有总承包单位的监督管理，从而增加了工程质量监控环节

K. 有利于建设单位择优选择承包单位

L. 合同内容比较单一，合同价值小，风险小

M. 组织管理和协调工作量大

N. 工程造价控制难度大

O. 合同数量多，使工程项目系统内结合部位数量增加

P. 总合同价不易短期确定，影响造价控制的实施

Q. 工程招标任务量大，需控制多项合同价格

R. 能够集中联合体成员单位优势，增强抗风险能力
S. 能够集中联合体成员单位优势，增强竞争能力
T. 建设单位的组织协调工作量小，但风险较大
U. 各承包单位之间既有合作的愿望，又不愿意组成联合体

> **细说考点**
> 1. 本考点还可能考查的题目如下：
> (1) 工程项目采用平行承包模式的特点包括（CDKLMNOPQ）。
> (2) 工程项目采用联合体承包模式的特点包括（BHRS）。
> (3) 工程项目采用合作体承包模式的特点包括（TU）。
> 2. 上述承包模式的特点通常作为干扰选项进行考核。

考点 10　CM 承包模式与 Partnering 模式

（题干）关于 CM 承包模式的说法，正确的有（ABCDEFGHIJKLMNOP）。

A. 采用快速路径法施工
B. CM 单位有代理型和非代理型两种
C. CM 合同采用成本加酬金的计价方式
D. 代理型的 CM 单位不负责工程分包的发包
E. 非代理型的 CM 单位直接与分包单位签订分包合同
F. CM 单位不赚取总包与分包之间的差价
G. 代理型合同是建设单位与分包单位直接签订，因此采用简单的成本加酬金合同形式
H. 非代理型合同采用保证最大工程费用（GMP）加酬金的合同形式
I. 与施工总承包模式相比，采用 CM 承包模式时的合同价更具合理性
J. 采用 CM 承包模式时，施工合同总价不是一次确定，而是有一部分完整施工图纸，就分包一部分
K. 与总分包模式相比，CM 单位与分包单位或供货单位之间的合同价是公开的
L. 建设单位可以参与所有分包工程或设备材料采购招标及分包合同或供货合同的谈判
M. CM 承包模式有利于降低工程费用
N. 代理型的 CM 单位与分包单位的合同由建设单位直接签订
O. GMP 可大大减少建设单位在工程造价控制方面的风险
P. 当采用非代理型 CM 承包模式时，CM 单位将对工程费用的控制承担更直接的经济责任

> **细说考点**
> 1. 关于 CM 承包模式的考点通常以"关于 CM 承包模式的说法，正确的有（　）"的形式进行单项选择题或者多项选择题的考核。

2. 关于C、G、H等选项涉及的知识点，还可以补充型的问答方式进行考核。例："代理型CM合同由建设单位与分包单位直接签订，一般采用（　　）的合同形式"。

3. 考生应注意区分记忆代理型和非代理型CM合同模式的要点。

4. Partnering模式的主要特征需要考生能够进行辨别。关于Partnering模式应掌握下面知识点：

（1）Partnering协议并不仅仅是建设单位与承包单位之间的协议。

（2）Partnering模式强调资源共享，信息作为一种重要的资源，对于参与各方必须公开。

（3）对于Partnering模式，高层管理者的认同、支持和决策是关键因素。

（4）Partnering协议不是法律意义上的合同。

（5）Partnering模式需要工程建设参与各方出于自愿。

（6）在工程合同签订后，工程建设参与各方经过讨论协商才会签署Partnering协议。

第三章
工程造价构成

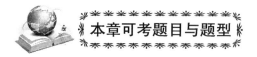
本章可考题目与题型

考点1　建设项目总投资与工程造价的构成

（题干）根据现行建设项目工程造价构成的相关规定，关于建设项目投资构成的说法中，正确的有（ABCDEFGH）。

A. 生产性建设项目总投资包括建设投资、建设期利息和流动资金

B. 非生产性建设项目总投资包括建设投资和建设期利息

C. 建设投资由工程费用、工程建设其他费用、预备费三项费用构成

D. 工程造价由工程费用、工程建设其他费用、预备费、建设期利息四项费用构成

E. 工程造价是在建设期预计或实际支出的建设费用

F. 工程费用可以分为建筑安装工程费和设备及工器具购置费

G. 固定资产投资为建设投资和建设期利息之和

H. 建设投资是为了完成工程项目建设，在建设期内投入且形成现金流出的全部费用

细说考点

1. 该考点在考试中经常以判断说法正确与否的题型出现，这里的每一个选项都可以作为一个题目的命题点。

2. 针对 A 选项，如果改为"生产性建设项目总投资为建设投资和建设期利息之和"，那就是错误选项。

3. B、C 选项要结合起来记忆。D 选项如果改为"工程造价为工程费用、工程建设其他费用和预备费之和"，那就是错误选项。

4. E 选项的错误说法有：

（1）工程造价为完成工程项目建造、生产性设备及配套工程安装所需的费用；

（2）工程造价是建设期内直接用于工程建造、设备购置及其安装的建设投资；

（3）工程造价是为了完成工程项目建设，在建设期内投入且形成现金流出的全部费用。

5. F 选项的错误说法可以是"工程费用为直接费、间接费、利润和税金之和"。

6. 关于工程造价构成还有可能以"下列费用中，不属于工程造价构成的是（　　）"的形式考查。

考点2 建筑安装工程费用内容

(题干) 根据我国现行建筑安装工程费用构成的相关规定,下列费用项目中,属于安装工程费用的有 (ABCDE)。

A. 被安装设备的防腐、保温等工作的材料费
B. 对单台设备进行单机试运转的调试费
C. 被安装设备的防腐、保温等工作的安装费
D. 与设备相连的工作台、梯子、栏杆的工程费用
E. 对系统设备进行系统联动无负荷试运转工作的调试费
F. 工作台的砌筑工程费或金属结构工程费用
G. 房屋建筑工程供水、供暖等设备费用
H. 设备基础的工程费用
I. 管道、电力、电信和电缆导线敷设工程的费用
J. 各种炉窑的砌筑工程和金属结构工程的费用
K. 施工临时用水、电、气、路费用和完工后的场地清理费
L. 矿井开凿、井巷延伸、露天矿剥离工程费用
M. 整个生产线负荷联合试运转所发生的费用

细说考点

1. 本考点还可能考查的题目:
下列费用项目中,属于建筑工程费用的有 (FGHIJKL)。
2. M 选项经常作为干扰选项出现,应予以关注。

考点3 按费用构成要素划分建筑安装工程费用项目构成和计算

(题干) 根据现行建筑安装工程费用项目组成规定,下列费用项目中,属于建筑安装工程企业管理费的有 (PQRSTUVWXYZA′B′C′D′E′F′G′H′)。

A. 计时工资或计件工资　　　　　B. 节约奖、劳动竞赛奖
C. 流动施工津贴、特殊地区施工津贴　　D. 材料原价
E. 运杂费　　　　　　　　　　F. 运输损耗费
G. 采购及保管费　　　　　　　H. 折旧费
I. 大修理费　　　　　　　　　J. 经常修理费
K. 安拆费及场外运输费　　　　L. 机上司机(炉)人员人工费
M. 燃料动力费　　　　　　　　N. 仪器仪表使用费
O. 管理人员工资　　　　　　　P. 办公费
Q. 差旅交通费　　　　　　　　R. 固定资产使用费

39

S. 劳动保险和职工福利费　　　T. 工具用具使用费
U. 劳动保护费　　　　　　　　V. 检验试验费
W. 工会经费　　　　　　　　　X. 职工教育经费
Y. 财产保险费　　　　　　　　Z. 财务费
A′. 房产税　　　　　　　　　 B′. 非生产性车船使用税
C′. 土地使用税　　　　　　　 D′. 印花税
E′. 城市维护建设税　　　　　 F′. 教育费附加
G′. 地方教育附加　　　　　　 H′. 养老保险费
I′. 失业保险费　　　　　　　 J′. 医疗保险费
K′. 生育保险费　　　　　　　 L′. 工伤保险费
M′. 住房公积金

细说考点

1.本考点考试难度不大，考生熟练掌握该部分知识点后，可以轻松得分。上述项目互相作为干扰选项，可能会作为考题的题目有以下几个：

(1) 根据我国现行建筑安装工程费用项目组成规定，应计入人工费的有(ABC)。

(2) 根据我国现行建筑安装工程费用项目组成规定，建筑安装工程材料费包括(DEFG)。

(3) 根据我国现行建筑安装工程费用项目组成规定，属于建筑安装工程施工机械使用费的有（HIJKLM）。

(4) 根据我国现行建筑安装工程费用项目组成规定，属于建筑安装工程施工机具使用费的有（HIJKLMN）。

(5) 根据我国现行建筑安装工程费用项目组成规定，应计入企业管理费的税金有(A′B′C′D′E′F′G′)。

(6) 根据我国现行建筑安装工程费用项目组成规定，下列费用中，属于规费的有(H′I′J′K′L′M′)。

(7) 根据我国现行建筑安装工程费用项目组成规定，下列费用中，属于社会保险费的有(H′I′J′K′L′)。

2.看过上面的题目，是不是觉得很简单？关于费用考查，除了上述题型外，还有另外两种题型：

(1) 题干中给出具体费用，判断是属于人工费、材料费、施工机械使用费还是规费。

(2) 判断备选项中各项费用的表述是否正确。

3.备考时关注规费的内容。

考点4　按造价形成划分建筑安装工程费用项目构成和计算

（题干）根据我国现行建筑安装工程费用项目构成的规定，下列费用中，属于建筑安装工程措施费的有（ABCDEFGHIJKLMQ）。

A. 安全文明施工费　　　　　　　B. 夜间施工增加费
C. 二次搬运费　　　　　　　　　D. 冬雨期施工增加费
E. 特殊地区施工增加费　　　　　F. 已完工程及设备保护费
G. 脚手架费　　　　　　　　　　H. 混凝土模板及支架（撑）费
I. 垂直运输费　　　　　　　　　J. 超高施工增加费
K. 大型机械设备进出场及安拆费　L. 施工排水、降水费
M. 工程定位复测费　　　　　　　N. 暂列金额
O. 计日工费　　　　　　　　　　P. 总承包服务费
Q. 税金　　　　　　　　　　　　R. 材料检验试验费
S. 检验试验费　　　　　　　　　T. 地上、地下设施，建筑物的临时保护设施费

细说考点

1. 措施项目费的构成要与施工机具使用费、企业管理费、规费的构成内容结合起来学习，这些费用互相作为干扰选项。上述考点已经列举了施工机具使用费、企业管理费构成内容的题目，在此就不再赘述了。可能会作为考题的题目：根据我国现行建筑安装工程费用项目组成的规定，应计入其他项目费的是（NOP）。

2. 还有可能对每项费用的具体内容进行考查。关于措施项目费用的表述一般以判断正确与错误说法的题目出现，需要掌握以下知识点：

（1）冬雨期施工费包括冬雨期施工需增加的临时设施、防滑处理、雨雪排除等费用。

（2）施工排水、降水费由成井和排水、降水两个独立的费用项目组成。

（3）当单层建筑物檐口高度超过20m时，可计算超高施工增加费。

（4）多层建筑物超过6层时，可计算超高施工增加费。

（5）已完工程及设备保护费是指竣工验收前，对已完工程及设备采取的覆盖、包裹、封闭、隔离等必要保护措施所发生的费用。

（6）脚手架费包括搭拆脚手架、斜道、上料平台费用。

（7）超高施工增加费包括建筑物超高引起的人工工效降低以及由于人工工效降低引起的机械降效费。

（8）超高施工增加费包括通信联络设备的使用费。

3. 安全文明施工费组成费用的主要内容深受命题者的青睐，要认真掌握。将安全文明施工费的组成内容整理如下：

项目	工作内容及包含范围
环境保护	(1) 现场施工机械设备降低噪声、防扰民措施费用。 (2) 水泥和其他易飞扬细颗粒建筑材料密闭存放或采取覆盖措施等费用。 (3) 工程防扬尘洒水费用。 (4) 土石方、建筑渣土外运车辆防护措施费用。 (5) 现场污染源的控制、生活垃圾清理外运、场地排水排污措施费用。 (6) 其他环境保护措施费用
文明施工	(1) "五牌一图"费用。 (2) 现场围挡的墙面美化（包括内外粉刷、刷白、标语等）、压顶装饰费用。 (3) 现场厕所便槽刷白、贴面砖，水泥砂浆地面或地砖费用，建筑物内临时便溺设施费用。 (4) 其他施工现场临时设施的装饰装修、美化措施费用。 (5) 现场生活卫生设施费用。 (6) 符合卫生要求的饮水设备、淋浴、消毒等设施费用。 (7) 生活用洁净燃料费用。 (8) 防煤气中毒、防蚊虫叮咬等措施费用。 (9) 施工现场操作场地的硬化费用。 (10) 现场绿化费用、治安综合治理费用。 (11) 现场配备医药保健器材、物品费用和急救人员培训费用。 (12) 现场工人的防暑降温、电风扇、空调等设备及用电费用。 (13) 其他文明施工措施费用
安全施工	(1) 安全资料、特殊作业专项方案的编制费用，安全施工标志的购置及安全宣传费用。 (2) "三宝"（安全帽、安全带、安全网）、"四口"（楼梯口、电梯井口、通道口、预留洞口）、"五临边"（阳台围边、楼板围边、屋面围边、槽坑围边、卸料平台两侧）费用，水平防护架、垂直防护架、外架封闭等防护费用。 (3) 施工安全用电的费用，包括配电箱三级配电、两级保护装置要求、外电防护措施费用。 (4) 起重机、塔吊等起重设备（含井架、门架）与外用电梯的安全防护措施（含警示标志）及卸料平台的临边防护、层间安全门、防护棚等设施费用。 (5) 建筑工地起重机械的检验检测费用。 (6) 施工机具防护棚及其围栏的安全保护设施费用。 (7) 施工安全防护通道费用。 (8) 工人的安全防护用品、用具购置费用。 (9) 消防设施与消防器材的配置费用。 (10) 电气保护、安全照明设施费用。 (11) 其他安全防护措施费用

续表

项目	工作内容及包含范围
临时设施	（1）施工现场采用彩色、定型钢板，砖、混凝土砌块等围挡的安砌、维修、拆除费用。 （2）施工现场临时建筑物、构筑物的搭设、维修、拆除，如临时宿舍、办公室、食堂、厨房、厕所、诊疗所、临时文化福利用房、临时仓库、加工场、搅拌台、临时简易水塔、水池等费用。 （3）施工现场临时设施的搭设、维修、拆除，如临时供水管道、临时供电管线、小型临时设施等费用。 （4）施工现场规定范围内临时简易道路铺设，临时排水沟、排水设施安砌、维修、拆除费用。 （5）其他临时设施搭设、维修、拆除费用

考点5 措施项目费的计算

(题干) 应予计量的措施项目费包括（ABCDEF）。

A. 脚手架费
B. 混凝土模板及支架（撑）费
C. 垂直运输费
D. 超高施工增加费
E. 大型机械设备进出场及安拆费
F. 施工排水、降水费
G. 安全文明施工费
H. 夜间施工增加费
I. 非夜间施工照明费
J. 二次搬运费
K. 冬雨期施工增加费
L. 已完工程及设备保护费
M. 地上、地下设施，建筑物的临时保护设施费

细说考点

在学习时应区分应予计量的措施项目费和不宜计量的措施项目。G、H、I、J、K、L、M选项为不宜计量的措施项目费。

考点6 建筑安装工程费用计算

(题干) 某建筑工程的造价组成见下表，该工程的含税造价为（A）万元。

名称	人工费（万元）	材料费（万元）	机具费（万元）	管理费、规费、利润（万元）	增值税
金额及费率	800	3450	1600	750	9%

续表

名称	人工费（万元）	材料费（万元）	机具费（万元）	管理费、规费、利润（万元）	增值税
说明	不含税	含税，可抵扣综合进项税率为15%	不含税	—	—

A. 6703.5
B. 6876.0
C. 7276.5
D. 7326.0

细说考点

1. 建筑安装工程费用中的税金按照税前造价乘以增值税税率确定。首先我们要了解，税前造价为人工费、材料费、施工机具使用费、企业管理费、利润和规费之和，各费用项目均以不包含增值税可抵扣进项税额的价格计算。

本题中，材料费为含税价格，其不含税价＝3450/(1+15%)＝3000（万元）；题目中要求计算的是含税造价，即税前造价＋税金＝(人工费＋材料费＋施工机具使用费＋企业管理费＋利润＋规费)×(1+9%)＝(800+3000+1600+750)×(1+9%)＝6703.5（万元）。

如果将材料费直接按3450万元计算，结果就是D选项7326.0（万元），就是错误的。

2. 含税造价的计算在考试中也是经常考查到的，考生要特别关注。看似复杂，其实难度不大。

3. 关于建筑安装工程费用计算，需要我们掌握的公式总结如下：

企业管理费费率	直接费为计算基础	企业管理费费率(%)＝$\dfrac{\text{生产工人年平均管理费}}{\text{年有效施工天数} \times \text{人工单价}} \times \text{人工费占直接费的比例(%)}$
	人工费和施工机具使用费合计为计算基础	企业管理费费率(%)＝$\dfrac{\text{生产工人年平均管理费}}{\text{年有效施工天数} \times (\text{人工单价}+\text{每台班施工机具使用费})} \times 100\%$
	人工费为计算基础	企业管理费费率(%)＝$\dfrac{\text{生产工人年平均管理费}}{\text{年有效施工天数} \times \text{人工单价}} \times 100\%$
规费		社会保险费和住房公积金＝$\sum$（工程定额人工费×社会保险费率和住房公积金费率）

	续表
税金	（1）采用一般计税方法时增值税的计算： 增值税＝税前造价×9％ 注意：各费用项目均以不包含增值税可抵扣进项税额的价格计算 （2）采用简易计税方法时增值税的计算： 增值税＝税前造价×3％ 注意：各费用项目均以包含增值税可抵扣进项税额的含税价格计算

针对上表内容，给大家再准备一些习题练习巩固：

（1）某施工企业投标报价时确定企业管理费率以人工费为基础计算，据统计资料，该施工企业生产工人年平均管理费为1.2万元，年有效施工天数为240d，人工单价为300元/d，人工费占直接费的比例为75％，则该企业的企业管理费费率应为（C）。

A. 12.15％ B. 12.50％
C. 16.67％ D. 22.22％

分析

企业管理费费率＝$\dfrac{1.2\times10000}{240\times300}$＝16.67％，这里需要注意的是"人工费占直接费的比例为75％"是干扰条件。

（2）根据《建筑安装工程费用项目组成》（建标〔2013〕44号文），以定额人工费为计费基础的规费有（ABCDE）。

A. 养老保险费 B. 医疗保险费
C. 工伤保险费 D. 失业保险费
E. 住房公积金

（3）建筑安装工程费用中的税金是指按照国家税法规定的应计入建筑安装工程造价内的增值税额，建筑业一般纳税人适用的增值税税率为（B）。

A. 3.14％ B. 9％
C. 13％ D. 16％

考点7 非标准设备原价的计算

（题干）用成本计算估价法计算国产非标准设备原价时，需要考虑的费用项目有（DEFGHIJKLM）。

A. 特殊设备安全监督检查费 B. 供销部门手续费
C. 成品损失费 D. 废品损失费

E. 包装费 F. 材料费
G. 加工费 H. 辅助材料费
I. 专用工具费 J. 外购配套件费
K. 利润 L. 增值税
M. 非标准设计费

> **细说考点**

1. 单台非标准设备原价的费用组成属于应知应会知识点，各项费用的计算公式是考试的重点：

(1) 材料费＝材料净重×(1＋加工损耗系数)×每吨材料综合价

(2) 加工费＝设备总重量(吨)×设备每吨加工费

(3) 辅助材料费＝设备总重量×辅助材料费指标

(4) 专用工具费＝[(1)＋(2)＋(3)]×专用工具费率

(5) 废品损失费＝[(1)＋(2)＋(3)＋(4)]×废品损失率

(6) 外购配套件费

(7) 包装费＝[(1)＋(2)＋(3)＋(4)＋(5)＋(6)]×包装费率

(8) 利润＝[(1)＋(2)＋(3)＋(4)＋(5)＋(7)]×利润率

(9) 非标准设备设计费。按国家规定的设计费收费标准计算。

(10) 增值税

当期销项税额＝不含税销售额×适用增值税率

不含税销售额＝(1)＋(2)＋(3)＋(4)＋(5)＋(6)＋(7)＋(8)＋(9)

单位非标准设备的原价＝(1)＋(2)＋(3)＋(4)＋(5)＋(6)＋(7)＋(8)＋(9)＋(10)

2. 在考试中，会直接考查费用计算公式的表述是否正确，也会要求根据公式计算各项费用。下面为可能会考查的题目：

(1) 生产某台非标准设备需材料费18万元，加工费2万元，专用工具费率5%，废品损失费率10%，包装费0.4万元，利润率为10%，用成本计算估价法计算该设备的利润是（D）万元。

A. 2.00 B. 2.10
C. 2.31 D. 2.35

> **分析**

专用工具费＝(材料费＋加工费＋辅助材料费)×专用工具费率＝(18＋2)×5%＝1（万元）；

废品损失费＝(材料费＋加工费＋辅助材料费＋专用工具费)×废品损失率＝(18＋2＋1)×10%＝2.1（万元）；

该设备的利润＝(材料费＋加工费＋辅助材料费＋专用工具费＋废品损失费＋包装费)×利润率＝(18＋2＋1＋2.1＋0.4)×10%＝2.35（万元）。

(2) 生产某非标准设备所需材料费、加工费、辅助材料费、专用工具费合计为30万元，废品损失率为10%，外购配套件费为5万元，包装费率为2%，利润率为10%。用成本估算法计算该设备的利润值为（C）万元。

A. 3.366
B. 3.370
C. 3.376
D. 3.876

分析

废品损失费＝30×10%＝3（万元）；

包装费＝(30＋3＋5)×2%＝0.76（万元）；

利润＝(30＋3＋0.76)×10%＝3.376（万元）。

(3) 生产某非标准设备所用材料费、加工费、辅助材料费、专用工具费、废品损失费共20万元，外购配套件费3万元，非标准设备设计费1万元，包装费率1%，利润率为8%。若其他费用不考虑，则该设备的原价为（B）万元。

A. 25.82
B. 25.85
C. 26.09
D. 26.06
E. 25.80

分析

包装费＝(20＋3)×1%＝0.23（万元）；

利润＝(20＋0.23)×8%＝1.62（万元）；

设备的原价＝20＋3＋0.23＋1.62＋1＝25.85（万元）。

下面分析其他备选项的解题思路：

A选项，包装费计算时，没有考虑外购配套件费，即20×1%＝0.2（万元）；利润＝(20＋0.2)×8%＝1.62（万元）；设备的原价＝20＋3＋0.2＋1.62＋1＝25.82（万元）。

C选项，利润计算时，多考虑了外购配套件费，即(20＋0.23＋3)×8%＝1.86（万元）；设备的原价＝20＋3＋0.23＋1.86＋1＝26.09（万元）。

D选项，包装费计算时，没有考虑外购配套件费，即20×1%＝0.2（万元）；利润计算时，多考虑了外购配套件费，即(20＋0.23＋3)×8%＝1.86（万元）；设备的原价＝20＋3＋0.2＋1.86＋1＝26.06（万元）。

E选项，包装费计算时，没有考虑外购配套件费，即20×1%＝0.2（万元）；利润计算时，没有考虑包装费，即20×8%＝1.60（万元）；设备的原价＝20＋3＋0.2＋1.60＋1＝25.80（万元）。

在计算过程中多考虑或少考虑一个条件，都会造成结果的错误，准确记忆公式是非常重要的。

(4) 某工程采购一台国产非标准设备，制造厂生产该设备的材料费、加工费和辅助材料费合计为20万元，专用工具费率为2%，废品损失率为8%，利润率为10%，增值税率为17%。假设不再发生其他费用，则该设备的销项增值税为（D）万元。

A. 4.08　　　　　　　　　　　　B. 4.09
C. 4.11　　　　　　　　　　　　D. 4.12

分析

专用工具费＝20×2%＝0.4（万元）；
废品损失费＝（20＋0.4）×8%＝1.632（万元）；
利润＝（20＋0.4＋1.632）×10%＝2.2032（万元）；
销项增值税＝（20＋0.4＋1.632＋2.2032）×17%＝4.12（万元）。
在考查非标准设备原价计算的考题中，考生掌握上面的题型就可以了。

考点8　进口设备的交易价格

（题干）某建设工程项目购置的进口设备采用装运港船上交货价（FOB），下列属于买方责任的有（ABCDEF）。

A. 负责租船订舱，支付运费

B. 将船期、船名及装船地点与时间通知卖方

C. 负担货物在装运港上船后的一切费用和风险费用以及货物灭失或损坏的一切风险

D. 获取进口许可证或其他官方文件

E. 办理货物入境手续

F. 受领卖方提供的有关单据，按合同规定支付货款

G. 办理出口清关手续，自负风险和费用

H. 获取出口许可证及其他官方文件

I. 在约定的日期或期限内，按照习惯方式在装运港，把货物装上指定的船只

J. 承担货物在装运港至装上船为止的一切费用和风险

K. 提供证明货物已交至船上的装运单据或具有同等效力的电子单证

细说考点

1. FOB交货方式、CFR交货方买方与卖方的责任要理解记忆，是典型的多项选择题考点。还可能会作为考题的题目如下：
国际贸易中，FOB交货方式下卖方的基本义务有（GHIJK）。

2. CFR交货方式买方与卖方的责任总结如下：

	买方责任	卖方责任
CFR交货方式	（1）承担货物在装运港越过船舷以后的一切风险及运输途中因遭遇风险所引起的额外费用。 （2）在合同规定的目的港受领货物，办理进口清关手续，交纳进口税。 （3）受领卖方提供的各种约定的单证，并按合同规定支付货款	（1）提供合同规定的货物，负责订立运输合同，并租船订舱。 （2）在合同规定的装运港和规定的期限内，将货物装上船并及时通知买方，支付运至目的港的运费。 （3）负责办理出口清关手续，提供出口许可证或其他官方批准的文件。 （4）承担货物在装运港越过船舷之前的一切费用和风险。 （5）按合同规定提供正式有效的运输单据、发票或具有同等效力的电子单证

考点9 进口设备到岸价的构成及计算

(题干) 关于进口设备抵岸价的构成及计算，下列公式表述正确的有（ABCDEFGHIJ）。

A. 到岸价＝运费在内价＋运输保险费

B. 到岸价＝离岸价格（FOB)＋国际运费＋运输保险费

C. 运输保险费 ＝ $\dfrac{\text{离岸价格（FOB）} + \text{国际运费}}{1 - \text{保险费率}}$ × 保险费率

D. 银行财务费＝离岸价格（FOB)×人民币外汇汇率×银行财务费率

E. 外贸手续费＝到岸价格（CIF)×人民币外汇汇率×外贸手续费率

F. 关税＝到岸价格（CIF)×人民币外汇汇率×进口关税税率

G. 应纳消费税税额 ＝ $\dfrac{\text{到岸价格（CIF）} \times \text{人民币外汇汇率} + \text{关税}}{1 - \text{消费税税率}}$ × 消费税税率

H. 进口环节增值税额＝（关税完税价格＋关税＋消费税)×增值税税率

I. 进口车辆购置税额＝（关税完税价格＋关税＋消费税)×车辆购置税率

J. 进口从属费＝银行财务费＋外贸手续费＋关税＋消费税＋进口环节增值税＋车辆购置税

细说考点

1.复习该考点时，应注意"进口设备的原价"即"进口设备的抵岸价"；"关税完税价格"即"到岸价"。

2.关于各项费用的计算基础总结如下：

(1) 除了银行财务费的基数是离岸价（FOB价），其余都是到岸价（CIF价）。

(2) 需要特殊记忆的：消费税的基数，分子是"到＋关"，分母是"1－消费税税率"，然后再乘以税率。消费税的公式还可以写成：消费税＝（到岸价＋关税＋消费税）×消费税税率

(3) 消费税、增值税和车辆购置税的基数都是"到＋关＋消"。

3. 区分离岸价、到岸价、运费在内价的概念。离岸价格是指当货物在装运港被装上指定船时，卖方即完成交货义务。到岸价为成本加保险费、运费。运费在内价是指货物在装运港被装上指定船时卖方即完成交货，卖方必须支付将货物运至指定的目的港所需的运费和费用。

4. 该考点出题方式不外乎下列三种情况，都是对各项费用公式掌握情况的考查。

第一种是上述题型。

第二种是判断费用的计算基数。

第三种是根据题干条件计算各项费用。

本考点还可能考查的题目如下：

(1) 某进口设备到岸价为1500万元，银行财务费、外贸手续费合计36万元。关税300万元，消费税和增值税税率分别为10%、13%，则该进口设备原价为（B）万元。

A. 2305.2　　　　　　　　　　　　B. 2296.0
C. 2282.2　　　　　　　　　　　　D. 2273.4

◎ 分析

消费税 $=\dfrac{1500+300}{1-10\%}\times 10\%=200$（万元）；

增值税＝（1500＋300＋200）×13%＝260（万元）；

进口设备原价＝1500＋36＋300＋200＋260＝2296.0（万元）。

下面分析其他备选项的解题思路：

A选项，在计算消费税和增值税时，均多考虑了银行财务费、外贸手续费，即消费税 $=\dfrac{1500+300+36}{1-10\%}\times 10\%=204$（万元）；增值税＝（1500＋300＋36＋204）×13%＝265.2（万元）；进口设备原价＝1500＋36＋300＋204＋265.2＝2305.2（万元）。

C选项，在计算消费税时，多考虑了银行财务费、外贸手续费，且没有考虑分母，即消费税＝（1500＋300＋36）×10%＝183.6万元；计算增值税时，多考虑了银行财务费、外贸手续费，增值税＝（1500＋300＋36＋183.6）×13%＝262.6万元；进口设备原价＝1500＋300＋36＋183.6＋262.6＝2282.2万元。

D选项，在计算消费税时，没有考虑分母，即消费税＝（1500＋300）×10%＝180万元；增值税＝（1500＋300＋180）×13%＝257.4万元；进口设备原价＝1500＋300＋36＋180＋257.4＝2273.4万元。

(2) 某批进口设备离岸价为 1000 万元，国际运费为 100 万元，运输保险费费率为 1%。则该批设备的关税完税价格应为（D）万元。

A. 1100.00　　　　　　　　　　　　B. 1110.00
C. 1111.00　　　　　　　　　　　　D. 1111.11

分析　关税完税价格即到岸价。

运输保险费 $=\dfrac{1000+100}{1-1\%}\times 1\% = 11.11$（万元）；

到岸价 $=1000+100+11.11=1111.11$（万元）。

(3) 某进口设备到岸价为 80 万美元，进口关税税率为 15%，增值税税率为 13%，银行外汇牌价为 1 美元 $=6.30$ 元人民币。按以上条件计算的进口环节增值税额是（C）万元人民币。

A. 72.83　　　　　　　　　　　　B. 85.68
C. 75.35　　　　　　　　　　　　D. 118.71

分析　进口环节增值税额 $=(80\times 6.3+80\times 6.3\times 15\%)\times 13\%=75.35$（万元）。

(4) 某进口设备通过海洋运输，到岸价为 972 万元，国际运费 88 万元，海上运输保险费率 3‰，则离岸价为（A）万元。

A. 881.08　　　　　　　　　　　　B. 883.74
C. 1063.18　　　　　　　　　　　D. 1091.90

分析

离岸价格＝到岸价－国际运费－运输保险费

$$=972-88-\dfrac{离岸价格+88}{1-3‰}\times 3‰$$

则离岸价格 $=881.08$（万元）。

(5) 某项目拟从国外进口一套设备，重 1000t，装运港船上交货价 300 万美元，国际运费标准每吨 360 美元，海上运输保险费率 0.266%。美元银行外汇牌价 6.1 元人民币。则该套设备国外运输保险费为（D）万元。

A. 4.868　　　　　　　　　　　　B. 4.881
C. 5.452　　　　　　　　　　　　D. 5.467

分析　国外运输保险费 $=(3000000+360\times 1000)/(1-0.266\%)\times 0.266\%\times 6.1/10000=5.467$ 万元。

看过上面题型后，相信大家应该很清楚地知道这部分内容的重要性，你也可以来判断一下今年是不是会考，会怎么考。

考点 10　设备运杂费的构成及计算

（题干）关于设备运杂费的构成及计算的说法中，正确的有（ABCDEFGHI）。

A. 国产设备运费和装卸费是由设备制造厂交货地点运至工地仓库所发生的费用

B. 进口设备运杂费是由我国到岸港口或边境车站起至工地仓库止所发生的费用

C. 原价中没有包含的、为运输而进行包装所支出的各种费用应计入包装费

D. 设备运杂费为设备原价与设备运杂费率的乘积

E. 设备保管人员的工资应计入设备运杂费

F. 设备采购人员的工资应计入设备运杂费

G. 设备供销部门的检验试验费应计入设备运杂费

H. 设备供销部门的手续费应计入设备运杂费

I. 设备供应部门的劳动保护费应计入设备运杂费

细说考点

1. 该考点是典型的多项选择题考点，注意国际运费和运输保险费属于设备的原价，而非设备运杂费。

2. 本题可能出现的干扰选项：

（1）设备仓库所占用的固定资产使用费应计入设备运杂费。

（2）运费和装卸费是由设备制造厂交货地点至施工安装作业面所发生的费用。

（3）进口设备运杂费是由我国到岸港口或边境车站至工地仓库所发生的费用。

（4）采购与仓库保管费不含采购人员和管理人员的工资。

（5）国际运费应计入设备运杂费。

（6）运输保险费应计入设备运杂费。

考点 11　工程建设其他费用的构成

（题干）下列费用中，属于"与项目建设有关的其他费用"的有（ABCDEFGHIJKL）。

A. 建设单位管理费　　　　　　　　　B. 工程监理费

C. 工程总承包管理费　　　　　　　　D. 可行性研究费

E. 研究试验费　　　　　　　　　　　F. 勘察设计费

G. 专项评价及验收费　　　　　　　　H. 场地准备及临时设施费

I. 引进技术和引进设备其他费　　　　J. 工程保险费

K. 特殊设备安全监督检验费　　　　　L. 市政公用设施费

M. 征地补偿费　　　　　　　　　　　N. 拆迁补偿费

O. 出让金、土地转让金　　　　　　　P. 联合试运转费

Q. 专利及专有技术使用费　　　　　　R. 生产准备费

细说考点

1. 考试中,除了考查"与项目建设有关的其他费用",还会考查"与建设用地有关的费用"和"与未来生产经营有关的其他费用",而且这些费用互相作为干扰选项,本考点还可能考查的题目如下:

(1) 下列费用中,属于"建设用地费用"的有(MNO)。

(2) 下列费用中,属于"与未来生产经营有关的其他费用"的有(PQR)。

2. 各项费用的具体内容出题的频率还是比较高的。可能是一句话作为一个考题出现,也可能是对费用具体内容的表述,要求考生判断每个备选项的正误。针对这部分内容总结如下:

(1) 建设用地费用

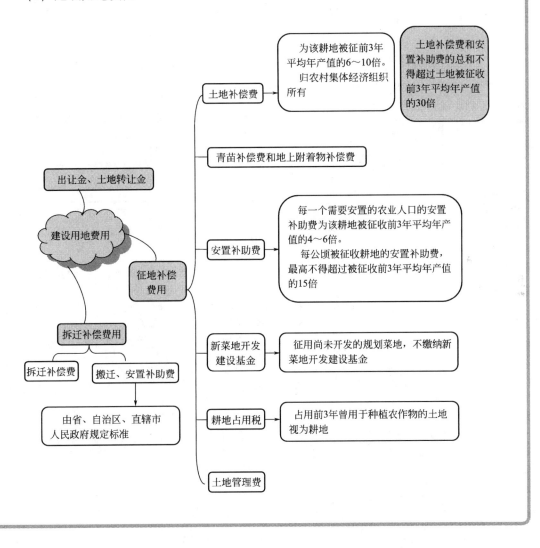

(2) 与项目建设有关的其他费用

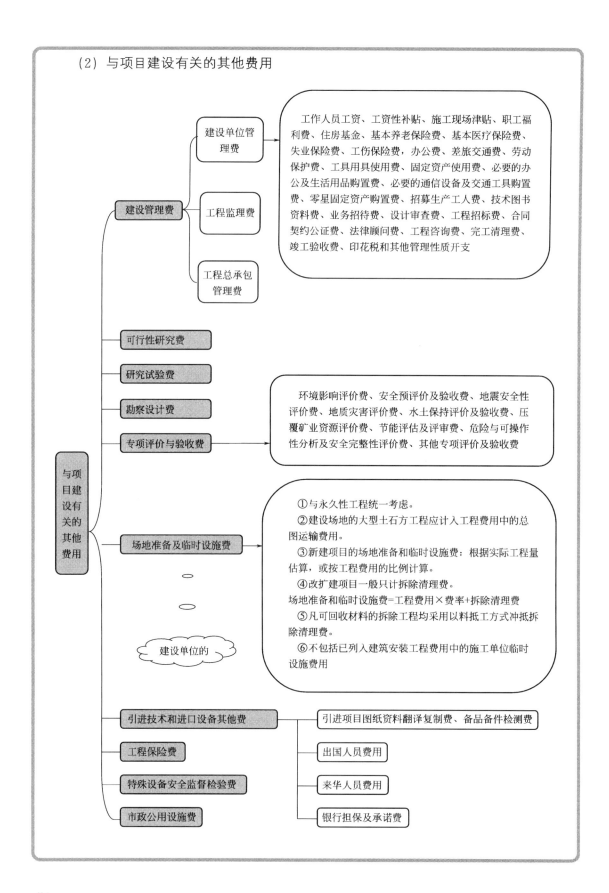

(3) 与未来生产经营有关的其他费用

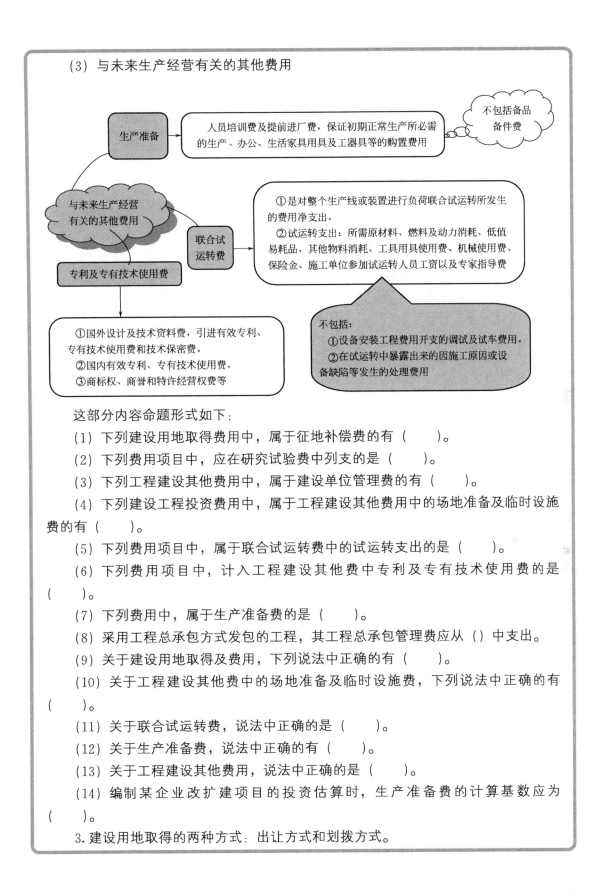

这部分内容命题形式如下：
(1) 下列建设用地取得费用中，属于征地补偿费的有（　　）。
(2) 下列费用项目中，应在研究试验费中列支的是（　　）。
(3) 下列工程建设其他费用中，属于建设单位管理费的有（　　）。
(4) 下列建设工程投资费用中，属于工程建设其他费用中的场地准备及临时设施费的有（　　）。
(5) 下列费用项目中，属于联合试运转费中的试运转支出的是（　　）。
(6) 下列费用项目中，计入工程建设其他费中专利及专有技术使用费的是（　　）。
(7) 下列费用中，属于生产准备费的是（　　）。
(8) 采用工程总承包方式发包的工程，其工程总承包管理费应从（ ）中支出。
(9) 关于建设用地取得及费用，下列说法中正确的有（　　）。
(10) 关于工程建设其他费中的场地准备及临时设施费，下列说法中正确的有（　　）。
(11) 关于联合试运转费，说法中正确的是（　　）。
(12) 关于生产准备费，说法中正确的有（　　）。
(13) 关于工程建设其他费用，说法中正确的是（　　）。
(14) 编制某企业改扩建项目的投资估算时，生产准备费的计算基数应为（　　）。

3.建设用地取得的两种方式：出让方式和划拨方式。

考点 12　预备费

（题干）根据我国现行有关规定，关于预备费的说法中，正确的有（ABCDEFGHI）。

A. 考虑项目在实施中可能会发生设计变更增加工程量，投资计划中需要事先预留的费用是基本预备费

B. 在建设期内利率、汇率或价格等因素的变化而预留的可能增加的费用是价差预备费

C. 基本预备费以工程费用和工程建设其他费用二者之和为计算基数

D. 超规超限设备运输增加的费用属于基本预备费

E. 实行工程保险的工程项目，基本预备费应适当降低

F. 基本预备费包括设计变更增加工程量的费用

G. 价差预备费包括建筑安装工程费及工程建设其他费用调整增加的费用

H. 价差预备费包括利率、汇率调整增加的费用

I. 价差预备费以估算年份价格水平的投资额为基数，采用复利方法

细说考点

1. A 选项中，经常会出现的干扰项是"基本预备费以工程费用为计算基数"。

2. 基本预备费与价差预备费的含义也可单独作为一个单项选择题出现。

3. 计算题是考试的常考题型，基本预备费的计算很简单，这里就不举例了，下面为价差预备费的计算：

（1）某建设项目工程费用 5000 万元，工程建设其他费用 1000 万元。基本预备费率为 8%，年均投资价格上涨率 5%，建设期为 2 年，计划每年完成投资 50%，则该项目建设期第 2 年价差预备费应为（C）万元。

　　A. 160.02　　　　　　　　　　B. 227.79
　　C. 246.01　　　　　　　　　　D. 326.02

分析

基本预备费＝(5000＋1000)×8%＝480（万元）；

静态投资＝5000＋1000＋480＝6480（万元）；

建设期第 2 年完成投资＝6480×50%＝3240（万元）；

第 2 年价差预备费＝3240×[(1＋5%)×(1＋5%)$^{0.5}$×(1＋5%)$^{2-1}$－1]＝420.31（万元）。

（2）某建设项目静态投资 20000 万元，项目建设前期年限为 1 年，建设期为 2 年，计划每年完成投资 50%，年均投资价格上涨率为 5%，该项目建设期价差预备费为（C）万元。

　　A. 1006.25　　　　　　　　　　B. 1525.00
　　C. 2056.56　　　　　　　　　　D. 2601.25

分析

第 1 年的价差预备费 $=20000\times50\%\times[(1+5\%)\times(1+5\%)^{0.5}-1]=759.30$（万元）；

第 2 年的价差预备费 $=20000\times50\%\times[(1+5\%)\times(1+5\%)^{0.5}\times(1+5\%)-1]=1297.26$（万元）；

价差预备费合计 $=759.30+1297.26=2056.56$（万元）。

下面分析其他备选项的解题思路：

A 选项的计算过程：

第 1 年的价差预备费 $=20000\times50\%\times[(1+5\%)^{0.5}-1]=246.95$（万元）；

第 2 年的价差预备费 $=20000\times50\%\times[(1+5\%)^{0.5}\times(1+5\%)-1]=759.30$（万元）；

价差预备费合计 $=246.95+759.30=1006.25$（万元）。

B 选项的计算过程：

第 1 年的价差预备费 $=20000\times50\%\times[(1+5\%)-1]=500$（万元）；

第 2 年的价差预备费 $=20000\times50\%\times[(1+5\%)\times(1+5\%)-1]=1025$（万元）；

价差预备费合计 $=500+1025=1525$（万元）。

D 选项的计算过程：

第 1 年的价差预备费 $=20000\times50\%\times[(1+5\%)\times(1+5\%)-1]=1025$（万元）；

第 2 年的价差预备费 $=20000\times50\%\times[(1+5\%)\times(1+5\%)\times(1+5\%)-1]=1576.25$（万元）；

价差预备费合计 $=1025+1576.25=2601.25$（万元）。

通过上面的解题过程，我们可以看出只要其中一步错误，就会计算出不同的结果，命题人在设置选项的时候并不是没有根据的。因此，对公式的准确理解记忆非常关键。当然还需要注意，求的是哪一年的价差预备费。

(3) 某建设项目静态投资为 10000 万元，项目建设前期年限为 1 年，建设期为 2 年，第 1 年完成投资 40%，第 2 年完成投资 60%。在年平均价格上涨率为 6% 的情况下，该项目价差预备费应为（C）万元。

A. 666.3　　　　　　　　　　　B. 981.6

C. 1306.2　　　　　　　　　　　D. 1640.5

分析

第 1 年价差预备费 $=10000\times40\%\times[(1+6\%)\times(1+6\%)^{0.5}-1]=365.3$ 万元；

第 2 年价差预备费 $=10000\times60\%\times[(1+6\%)\times(1+6\%)^{0.5}\times(1+6\%)-1]=940.9$ 万元；

价差预备费合计 $=365.3+940.9=1306.2$ 万元。

考点 13　建设期利息

（题干） 某项目建设期为 2 年，第 1 年贷款 4000 万元，第 2 年贷款 2000 万元，贷款年利率 10%，贷款在年内均衡发放，建设期内只计息不付息。该项目第 2 年的建设期利息为 （C） 万元。

A. 200
B. 500
C. 520
D. 600
E. 720

细说考点

1. 建设期利息的计算是每年的必考考点，考查题型有两种：一种是应用公式计算，在案例分析题中也会出现；另一种是对公式的理解。这道题的解题过程如下：

解答本题需要用到的公式是：$q_j = \left(P_{j-1} + \dfrac{1}{2}A_j\right)i$。

该项目第 1 年建设期利息 = 4000/2 × 10% = 200 万元；

该项目第 2 年建设期利息 = (4000 + 200 + 2000/2) × 10% = 520 万元。

下面分析其他备选项的解题思路：

A 选项计算的是第 1 年的建设期利息；

B 选项的计算过程：(4000 + 2000/2) × 10% = 500 万元；

D 选项的计算过程：(4000 + 2000) × 10% = 600 万元；

E 选项计算的是项目的建设期利息。

2. 这里需要提醒考生注意的是看清问题，是计算第几年的建设期利息。如果问题是"该项目建设期贷款利息为××万元"，那么要求计算的是总共的建设期利息。看下面这道题：

某项目建设期为 2 年，第 1 年贷款 3000 万元，第 2 年贷款 2000 万元，贷款年内均衡发放，年利率为 8%，建设期内只计息不付息。该项目建设期利息为 （B） 万元。

A. 366.4
B. 449.6
C. 572.8
D. 659.2

分析　问题是"该项目建设期利息"，也就是计算两年的利息合计：

第 1 年：$q_1 = \dfrac{1}{2}A_1 \cdot i = \dfrac{1}{2} \times 3000 \times 8\% = 120$ 万元；

第 2 年：$q_2 = \left(P_1 + \dfrac{1}{2}A_2\right) \cdot i = \left(3000 + 120 + \dfrac{1}{2} \times 2000\right) \times 8\% = 329.6$ 万元；

该项目建设期利息 = 120 + 329.6 = 449.6 万元。

第四章 工程计价方法及依据

本章可考题目与题型

考点1 工程计价的分部组合计价原理

(题干)关于分部组合计价原理的说法,正确的有(ABCDEFGHIJKLM)。

A. 分部组合计价适用于设计方案已经确定的建设项目
B. 要求将建设项目细分到最基本的构造单元
C. 工程计价是自下而上的分部组合计价
D. 工程计价包括工程单价的确定和总价的计算
E. 工程计价的基本原理就在于项目的分解与组合
F. 工程造价的计价可分为工程计量和工程计价两个环节
G. 工程单价包括工料单价和综合单价
H. 工程计量时,通过项目划分确定单位工程基本构造单位
I. 工程量的计算规则包括各类工程定额规定的计算规则和各专业工程计量规范附录中规定的计算规则
J. 工程量的计算是按照工程项目的划分和工程量计算规则,就施工图设计文件和施工组织设计对分项工程实物量进行计算
K. 工程总价是指经过规定的程序或办法逐级汇总形成的相应工程造价
L. 工程总价分为工料单价法和综合单价法
M. 分部分项工程费(或措施项目费)=$\sum$[基本构造单元工程量(定额项目或清单项目)×相应单价]

细说考点

1.该考点属于基础知识点,判断正确与错误说法的题型是常考题型。

2.该考点还需了解工料单价与综合单价包括的内容:

(1)工料单价仅包括人工、材料、机具使用费,是各种人工消耗量、各种材料消耗量、各类机具台班消耗量与其相应单价的乘积。

(2)综合单价除包括人工、材料、机具使用费外,还包括可能分摊在单位工程基本构造单元的费用。

考点 2　工程计价标准和依据

（题干） 根据我国建设市场发展现状，工程量清单计价和计量规范主要适用于（C）。
A. 项目建设前期各阶段建设投资的预测和估计
B. 工程建设交易阶段建设产品价格的形成
C. 项目合同价格的形成和后续合同价款的管理
D. 不同阶段的计价活动

> **细说考点**
>
> 本考点还可能考查的题目如下：
> (1) 根据我国建设市场发展现状，工程定额适用于（AB）。
> (2) 根据我国建设市场发展现状，计价活动的相关规章规程适用于（D）。

考点 3　工程定额体系

（题干） 关于工程定额的说法中，正确的有（ABCDEFGHIJKLMNOPQRSTUVWXYZ）。
A. 人工定额与机械消耗定额的主要表现形式是时间定额
B. 按定额的编制程序和用途，工程定额分为施工定额、预算定额、概算定额、概算指标、投资估算指标五种
C. 施工定额属于企业定额的性质
D. 建设工程施工定额的研究对象是工序
E. 施工定额是工程定额中分项最细、定额子目最多的一种定额
F. 施工定额是施工企业组织生产和加强管理在企业内部使用的一种定额
G. 施工定额为工程定额中的基础性定额
H. 预算定额是以施工定额为基础综合扩大编制的
I. 预算定额是编制概算定额的基础
J. 预算定额是在正常的施工条件下，完成一定计量单位合格分项工程和结构构件所需消耗的人工、材料、施工机具台班数量及其费用标准
K. 概算定额是完成单位合格扩大分部工程（或结构构件）所需消耗的人工、材料和施工机具台班及其费用标准
L. 概算定额是编制扩大初步设计概算、确定建设项目投资额的依据
M. 每一扩大分项概算定额都包含了数个预算定额
N. 概算定额是在预算定额的基础上综合扩大而成的
O. 概算指标的研究对象是单位工程
P. 概算指标的内容包括人工、机具台班、材料定额三个基本部分
Q. 概算指标比概算定额更加综合与扩大

R. 投资估算指标的研究对象是建设项目、单项工程、单位工程
S. 投资估算指标反映建设总投资及其各项费用构成的经济指标
T. 投资估算指标概略程度与可行性研究阶段相适应
U. 投资估算指标根据历史的预决算资料和价格变动等资料编制
V. 投资估算指标编制基础包括预算定额、概算定额
W. 补充定额只能在指定范围内使用
X. 地区统一定额主要是考虑地区性特点和全国统一定额水平做适当调整和补充编制的
Y. 企业定额在企业内部使用，是企业综合素质的一个标志
Z. 企业定额是施工企业进行建设工程投标报价的计价依据

细说考点

1. 上述备选项均可单独成题，在备考复习时要有针对性地学习。
2. 关于工程定额的分类及各定额之间的关系，总结如下：

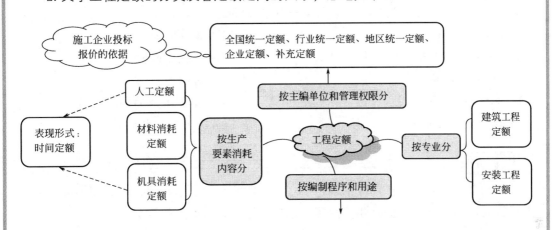

	施工定额	预算定额	概算定额	概算指标	投资估算指标
对象	施工过程或基本工序	分项工程和结构构件	扩大的分项工程或扩大的结构构件	单位工程	建设项目、单项工程、单位工程
用途	编制施工预算	编制施工图预算	编制扩大初步设计概算	编制初步设计概算	编制投资估算
含义	完成一定计量单位的某一施工过程或基本工序所需消耗的人工、材料和机具台班数量标准	完成一定计量单位合格分项工程和结构构件所需消耗的人工、材料、施工机具台班数量及其费用标准	完成单位合格扩大分项工程或扩大结构构件所需消耗的人工、材料和施工机具台班的数量及其费用标准。包含数项预算定额	完成一个规定计量单位建筑安装产品的经济消耗指标	项目建议书和可行性研究阶段编制投资估算、计算投资需要量时使用的一种定额

续表

	施工定额	预算定额	概算定额	概算指标	投资估算指标
项目划分	最细（基础性）	细	较粗	粗	很粗
定额水平	平均先进	平均			
定额性质	生产性定额（企业性）	计价性定额			

考点4 工人工作时间消耗的分类

(题干) 下列工人工作时间中,属于有效工作时间的有（**ABC**）。

A. 基本工作时间
B. 辅助工作时间
C. 准备与结束工作时间
D. 不可避免中断时间
E. 偶然工作时间
F. 休息时间
G. 多余工作时间
H. 施工本身造成的停工时间
I. 非施工本身造成的停工时间
J. 违背劳动纪律损失时间

细说考点

1. 该考点是典型的多项选择题考点。针对本考点,应该将这几项时间的具体内容进行针对性的学习。这些互相作为干扰选项,还可能考查的题目如下:

(1) 下列工人工作时间消耗中,属于工人工作必需消耗的时间有（ABCDF）。

(2) 下列工人工作时间消耗中,属于工人工作损失时间的有（EGHIJ）。

(3) 根据施工过程工时研究结果,与工人所担负的工作量大小无关的必须消耗时间是（C）。

(4) 下列工人工作时间消耗中,基本工作结束后整理劳动工具的时间应计入（C）。

(5) 工人的工作时间中,熟悉施工图纸所消耗的时间属于（C）。

(6) 工作地点、劳动工具和劳动对象的准备工作时间属于（C）。

2. 每项时间的具体内容也要掌握,都有可能以备选项出现,比如:

下列工人工作时间消耗中,工人工作必需消耗的时间包括（CDE）。

A. 由于材料供应不及时引起的停工时间
B. 工人擅自离开工作岗位造成的时间损失
C. 准备工作时间
D. 由于施工工艺特点引起的工作中断所必需的时间

E. 工人下班前清洗整理工具的时间

F. 工程技术人员和工人的差错引起的工时损失

G. 工作班开始和午休后的迟到时间

H. 午饭前和工作结束前的早退时间

I. 擅自离开岗位的工时损失

J. 工作时间内聊天或办私事造成的工时损失

考点5 机器工作时间消耗的分类

(题干) 下列机械工作时间中，属于必需消耗时间的有（ABCDEF）。

A. 正常负荷下的工时消耗

B. 有根据地降低负荷下的工时消耗

C. 不可避免的无负荷工作时间

D. 与工艺过程的特点有关的不可避免的中断工作时间

E. 与机器有关的不可避免的中断工作时间

F. 工人休息时间

G. 多余工作时间

H. 停工时间

I. 低负荷下的工作时间

J. 违反劳动纪律引起的机器的时间损失

细说考点

1. 机械工作必需消耗时间与损失时间在考题中相互作为干扰选项，还可能考查的题目如下：

(1) 下列机械工作时间中，属于有效工作时间的有（AB）。

(2) 下列机械工作时间中，属于机械工作时间中损失时间的有（GHIJ）。

(3) 汽车运输重量轻而体积大的货物时，不能充分利用载重吨位因而不得不在低于其计算负荷下工作的时间应计入（B）。

(4) 施工作业过程中，筑路机在工作区末端掉头消耗的时间应计入施工机械台班使用定额，其时间消耗的性质是（C）。

(5) 在机械工作时间消耗的分类中，由于工人装料数量不足引起的砂浆搅拌机不能满载工作的时间属于（I）。

2. 该考点在考试时，还会以各项工作时间的具体内容作为备选项，判断具体是属于哪一类消耗时间。下面举例说明：

下列机械工作时间中，属于有效工作时间的是（B）。

A. 筑路机在工作区末端的掉头时间

B. 体积达标而未达到载重吨位的货物汽车运输时间
C. 机械在工作地点之间的转移时间
D. 装车数量不足而在低负荷下工作的时间
E. 汽车在运送土方时没有装满导致的延长时间
F. 未及时供给机械燃料而导致的停工时间
G. 暴雨时压路机被迫停工时间
H. 由于气候条件引起的机械停工时间
I. 因机械保养而中断使用的时间
J. 装料不足时的机械空运转时间
K. 压路机操作人员擅离岗位引起的停工时间
L. 施工组织不好引起的停工时间
M. 混凝土搅拌机搅拌混凝土超过规定的搅拌时间

分析 A、C选项属于不可避免的无负荷工作时间；B选项属于有根据地降低负荷下的工作时间；D、E选项属于低负荷下的工作时间；F、L选项属于施工本身造成的停工时间；G、H选项属于非施工本身造成的停工；I选项属于不可避免的中断时间；J选项属于机械的多余工作时间；K选项属于违反劳动纪律引起的损失时间；M选项属于机械的多余工作时间。

考点6 确定材料定额消耗量的基本方法

（题干）下列定额测定方法中，主要用于测定材料净用量的有（BD）。
A. 现场技术测定法 B. 实验室试验法
C. 现场统计法 D. 理论计算法
E. 写实记录法 F. 工作日写实法
G. 测时法

细说考点

1. A选项是确定材料消耗定额的一种方法；C选项只能确定材料总消耗量，是不能确定净用量和损耗量的。还可能考查的题目如下：

(1) 下列定额测定方法中，用于确定材料消耗定额的是（A）。

(2) 下列定额测定方法中，只能用于测定材料总消耗量的是（C）。

(3) 编制砖砌体材料消耗定额时，测定标准砖砌体中砖的净用量，宜采用的方法是（D）。

(4) 确定材料消耗量的基本方法有（ABCD）。

2. E、F、G选项是测定工作时间消耗的方法。

3. 关于该考点还需要掌握理论计算法计算材料用量。还可能考查的题目如下：

(1) 已知砌筑 $1m^3$ 砖墙的砖净用量和损耗量分别为 529 块、6 块，百块砖体积按 $0.146m^3$ 计算，砂浆损耗率为 10%。则砌筑 $1m^3$ 砖墙的砂浆消耗量为（A） m^3。

　　A. 0.250　　　　　　　　　　　　B. 0.253
　　C. 0.241　　　　　　　　　　　　D. 0.243

分析

砂浆净用量＝1－砖数×每块砖体积＝1－529×0.146/100＝0.228（m^3）；

砂浆消耗量＝砂浆净用量×(1＋损耗率)＝0.228×(1＋10%)＝0.250（m^3）。

(2) 用水泥砂浆砌筑 $2m^3$ 砖墙，标准砖（240mm×115mm×53mm，灰缝宽 10mm）的总耗用量为 1113 块。已知砖的损耗率为 5%，则标准砖、砂浆的净用量分别为（D）。

　　A. 1057 块、$0.372m^3$　　　　　　B. 1057 块、$0.454m^3$
　　C. 1060 块、$0.372m^3$　　　　　　D. 1060 块、$0.449m^3$

分析 将题干条件带入公式标准砖的净用量＝$\dfrac{1}{墙厚×(砖长＋灰缝)×(砖厚＋灰缝)}$ ×和砂浆净用量＝1－砖数×每块砖体积。可得标准砖的净用量为 1060 块；砂浆的净用量为 $0.449m^3$。

(3) 砌筑一砖厚砖墙，灰缝厚度为 10mm，砖的施工损耗率为 1.5%，场外运输损耗率为 1%。砖的规格为 240mm×115mm×53mm，则 $1m^3$ 砖墙工程中砖的定额消耗量为（C）块。

　　A. 515.56　　　　　　　　　　　　B. 520.64
　　C. 537.04　　　　　　　　　　　　D. 542.33

分析

$1m^3$ 砖墙工程中砖的净用量＝$\dfrac{1}{0.24×(0.115+0.01)×(0.053+0.01)}$≈529.10（块）；

$1m^3$ 砖墙工程中砖的定额消耗量＝529.10×(1＋1.5%)＝537.04（块）。

(4) 砌筑 $1m^3$ 一砖厚砖墙，砖（240mm×115mm×53mm）的净用量为 529 块，灰缝厚度为 10mm，砖的损耗率为 1%，砂浆的损耗率为 2%。则 $1m^3$ 一砖厚砖墙的砂浆消耗量为（D） m^3。

　　A. 0.217　　　　　　　　　　　　B. 0.222
　　C. 0.226　　　　　　　　　　　　D. 0.231

分析

$1m^3$ 一砖厚砖墙的砂浆消耗量＝(1－0.24×0.115×0.053×529)×(1＋2%)＝0.231（m^3）。

看过上面的例题，是不是觉得只要掌握了公式，关于材料用量的计算也没有那么难？

考点7　确定机具台班定额消耗量的基本方法

（题干）某出料容量 750L 的砂浆搅拌机，每一次循环工作中，运料、装料、搅拌、卸料、中断需要的时间分别为 150s、40s、250s、50s、40s，运料和其他时间的交叠时间为 50s，机械利用系数为 0.8。该机械的台班产量定额为（C）m^3/台班。

A. 29.79　　　　　　　　　　　　　B. 32.60
C. 36.00　　　　　　　　　　　　　D. 39.27

细说考点

1. 先分析一下解答本题的思路。

(1) 计算机械的台班产量定额，首先应该想到施工机械台班产量定额的计算公式：施工机械台班产量定额＝机械1h纯工作正常生产率×工作班延续时间×机械时间利用系数；

(2) 接下来看题干给出的条件：机械利用系数已经给出；机械1h纯工作正常生产率、工作班延续时间是需要计算的。

(3) 在计算机械1h纯工作正常生产率前，要先计算一次循环的正常延续时间及机械1h纯工作循环次数：

一次循环的正常延续时间＝150＋40＋250＋50＋40－50＝480（s）。

机械 1h 纯工作循环次数 $= \dfrac{60 \times 60 \text{s}}{一次循环的正常延续时间} = \dfrac{60 \times 60}{480} = 7.5$（次）。

(4) 计算机械1h纯工作正常生产率：

机械1h纯工作正常生产率＝机械纯工作1h正常循环次数×一次循环生产的产品数量＝$7.5 \times 750 = 5625$L＝5.625（m^3）。

(5) 计算机械的台班产量定额：

机械的台班产量定额＝$5.625 \times 8 \times 0.8 = 36 m^3$/台班。

下面提供几个类似的题目：

(1) 某混凝土输送泵1h纯工作状态可输送混凝土 $25 m^3$，泵的时间利用系数为 0.75，则该混凝土输送泵的产量定额为（A）。

A. $150 m^3$/台班　　　　　　　　　B. 0.67 台班/$100 m^3$
C. $200 m^3$/台班　　　　　　　　　D. 0.50 台班/$100 m^3$

▶分析

施工机械台班产量定额＝机械1h纯工作生产率×工作班纯正常工作时间＝25×

0.75×8=150m³/台班。

(2) 某挖土机挖土一次正常循环工作时间为50s，每次循环平均挖土量为0.5m³，机械正常利用系数为0.8，机械幅度差系数为25%，按8h工作制考虑，挖土方预算定额的机械台班消耗量为（A）台班/1000m³。

A. 5.43　　　　　　　　　　B. 7.2
C. 8　　　　　　　　　　　　D. 8.68

分析

机械纯工作1h循环次数=60×60/50=72（次/台时）；
机械纯工作1h正常生产率=72×0.5=36（m³/台班）；
施工机械台班产量定额=36×8×0.8=230.4（m³/台班）；
施工机械台班时间定额=1/230.4=0.00434（台班/m³）；
预算定额机械耗用台班=0.00434×（1+25%）=0.00543（台班/m³）；
挖土方预算定额机械台班消耗量=1000×0.00543=5.43（台班/1000m³）。

(3) 在编制现浇混凝土柱预算定额时，测定每10m³混凝土柱工程量需消耗10.5m³的混凝土。现场采用500L的混凝土搅拌机，测得搅拌机每循环一次需4min，机械的正常利用系数为0.85。若机械幅度差系数为0，则该现浇混凝土柱10m³需消耗混凝土搅拌机（A）台班。

A. 0.206　　　　　　　　　　B. 0.196
C. 0.157　　　　　　　　　　D. 0.149

分析

该搅拌机纯工作1h循环次数=60÷4=15次；
该搅拌机纯工作1h的正常生产率=15×500=7500L=7.5（m³）；
该搅拌机的台班产量定额=7.5×8×0.85=51（m³/台班）；
该现浇混凝土柱10m³需消耗混凝土搅拌机台班=10.5÷51=0.206（台班）。

2. 该考点所涉及到的公式还会以"确定施工机械台班定额消耗量前需计算机械时间利用系数，其计算公式正确的是（　　）"的形式来考查。

考点8　人工日工资单价的组成

(题干) 下列费用项目中，应计入人工日工资单价的有（ABCDEFGHI）。

A. 计件工资　　　　　　　　B. 计时工资
C. 节约奖　　　　　　　　　D. 劳动竞赛奖
E. 特殊地区施工津贴　　　　F. 流动施工津贴
G. 高温（寒）作业临时津贴　H. 高空津贴
I. 特殊情况下支付的工资　　J. 劳动保护费

K. 职工福利费

> **细说考点**
>
> 1. C、D 选项属于人工日工资单价中的奖金；E、F、G、H 选项属于津贴补贴；J、K 选项属于企业管理费。特殊情况下支付的工资是根据国家法律、法规和政策规定，因病、工伤、产假、计划生育假、婚丧假、事假、探亲假、定期休假、停工学习、执行国家或社会义务等原因按计时工资标准或计时工资标准的一定比例支付的工资。
>
> 2. 该考点还需要掌握的知识点：影响定额动态人工日工资单价的 5 个因素包括社会平均工资水平、生活消费指数、人工日工资单价的组成内容、劳动力市场供需变化、政府推行的社会保障和福利政策。一般会考查多项选择题，干扰选项会有"社会工资差额"、"社会最低工资水平"。

考点 9 材料单价的构成和计算

（题干） 从甲、乙两地采购某工程材料，采购量及有关费用如下表所示，该工程材料的材料单价为（B）元/t。

采购量及有关费用表

来源	采购量（t）	原价+运杂费（元/t）	运输损耗率（%）	采购及保管费率（%）
甲	600	260	1	3
乙	400	240		

A. 262.08
C. 262.42
B. 262.16
D. 262.50

> **细说考点**
>
> 1. 材料单价的计算是重要考点之一，计算公式是：材料单价=[(供应价格+运杂费)×(1+运输损耗率)]×(1+采购及保管费率)。考试题型有两种：一是直接判断备选项中的计算公式表述是否正确；二是根据公式计算材料单价。
>
> 2. 本题的解题过程如下：
>
> (1) 计算加权平均原价和运杂费：
>
> 加权平均原价+运杂费 = $\dfrac{600 \times 260 + 400 \times 240}{600 + 400}$ = 252（元/t）；
>
> (2) 计算加权平均运输损耗费：
>
> 甲的运输损耗费 = 260×1% = 2.6 元/t；
>
> 乙的运输损耗费 = 240×1% = 2.4 元/t；

加权平均运输损耗费 $=\dfrac{600\times 2.6+400\times 2.4}{600+400}=2.52$ （元/t）；

（3）计算加权采购及保管费：

甲的采购及保管费 $=(260+2.6)\times 3\%=7.88$ （元/t）；

乙的采购及保管费 $=(240+2.4)\times 3\%=7.27$ （元/t）；

加权平均采购及保管费 $=\dfrac{600\times 7.88+400\times 7.27}{600+400}=7.64$ （元/t）；

（4）计算材料单价：

材料单价 $=252+2.52+7.64=262.16$ 元/t。

3. 以下为类似的题目：

（1）某材料原价为 300 元/t，运杂费及运输损耗费合计 50 元/t，采购及保管费率 3%，则该材料预算单价为（C）元/t。

A. 350.0　　　　　　　　　　　B. 359.0
C. 360.5　　　　　　　　　　　D. 360.8

分析

材料预算单价 $=(300+50)\times(1+3\%)=360.5$ （元/t）。

（2）某工地商品混凝土从甲、乙两地采购，甲地采购量及材料单价分别为 400m³、350 元/m³，乙地采购量及有关费用如下表所示，则该工地商品混凝土的材料单价应为（B）元/m³。

乙地采购量及有关费用相关数据表

采购量（m³）	原价（元/m³）	运杂费（元/m³）	运输损耗率（%）	采购及保管费率（%）
600	300	20	1	4

A. 341.00　　　　　　　　　　　B. 341.68
C. 342.50　　　　　　　　　　　D. 343.06

分析

乙地采购材料单价 $=(300+20)\times(1+1\%)\times(1+4\%)=336.128$ （元/m³）；

该工地商品混凝土的材料单价 $=(400\times 350+600\times 336.128)/(400+600)=341.68$ （元/m³）。

（3）某工地商品混凝土的采购有关费用如下表所示，该商品混凝土的材料单价为（D）元/m³。

某工地商品混凝土的采购有关费用

供应价格（元/m³）	运杂费（元/m³）	运输损耗（%）	采购及保管费率（%）
300	20	1	5

A. 323.2 B. 338.15
C. 339.15 D. 339.36

分析

该商品混凝土的材料单价＝[(300＋20)×(1＋1％)]×(1＋5％)＝339.36（元/m³）。

(4) 某材料自甲、乙两地采购，相关信息如下表所示，则其材料单价为（D）元/t。

某材料自甲、乙两地采购相关信息

供货地点	采购量（t）	原价（元/t）	运杂费（元/t）	运输损耗率（％）	采购保管费率（％）
甲	300	50	10	2	3
乙	200	55	8		

A. 63.80 B. 63.83
C. 64.26 D. 64.30

分析

加权平均原价＝$\dfrac{300×50+200×55}{300+200}$＝52（元/t）；

加权平均运杂费＝$\dfrac{300×10+200×8}{300+200}$＝9.2（元/t）；

甲地的运输损耗费＝(50＋10)×2％＝1.2（元/t）；

乙地的运输损耗费＝(55＋8)×2％＝1.26（元/t）；

加权平均运输损耗费＝$\dfrac{300×1.2+200×1.26}{300+200}$＝1.224（元/t）；

材料单价＝(52＋9.2＋1.224)×(1＋3％)＝64.30（元/t）。

(5) 某材料自甲、乙两地采购，甲地采购量为400t，原价为180元/t，运杂费为30元/t；乙地采购量为300 t，原价为200元/t，运杂费为28元/t，该材料运输损耗率和采购保管费率分别为1％、2％，则该材料的基价为（D）元/t。

A. 223.37 B. 223.40
C. 224.24 D. 224.29

分析

(1) 加权平均原价＝$\dfrac{400×180+300×200}{400+300}$＝188.57（元/t）；

(2) 加权平均运杂费＝$\dfrac{400×30+300×28}{400+300}$＝29.14（元/t）；

(3) 甲的运输损耗费＝(180＋30)×1％＝2.1（元/t）；

　　乙的运输损耗费＝(200＋28)×1％＝2.28（元/t）；

(4) 加权平均运输损耗费 $=\dfrac{400\times 2.1+300\times 2.28}{400+300}=2.18$（元/t）;

(5) 该材料的基价 $=(188.57+29.14+2.18)\times(1+2\%)=224.29$（元/t）。

考点 10 施工机械台班单价的确定方法

（题干） 某挖掘机配司机 1 人，若年制度工作日为 245d，年工作台班为 220 台班，人工工日单价为 80 元，则该挖掘机的人工费为（C）元/台班。

A. 71.8　　　　　　　　　　B. 80.0
C. 89.1　　　　　　　　　　D. 132.7

细说考点

1. 该考查以计算公式的运用为主，需要掌握的公式有：

(1) 台班折旧费 $=\dfrac{机械预算价格\times(1-残值率)}{耐用总台班}$

(2) 耐用总台班＝折旧年限×年工作台班＝大修理间隔台班×检修周期

(3) 检修周期＝检修次数＋1

(4) 台班检修费 $=\dfrac{一次检修费\times 检修次数}{耐用总台班}\times 除税系数$

(5) 台班维护费 $=\dfrac{\sum(各级维护一次费用\times 除税系数\times 各级维护次数)+临时故障排除费}{耐用总台班}$

当维护费计算公式中的各项数值难以确定时，按下式计算：

台班维护费＝台班检修费×维护费系数

(6) 台班安拆费及场外运费 $=\dfrac{一次安拆费及场外运费\times 年平均安拆次数}{年工作台班}$

(7) 台班人工费 $=人工消耗量\times\left(1+\dfrac{年制度工作日-年工作台班}{年工作台班}\right)\times 人工单价$

(8) 台班燃料动力费 $=\sum(台班燃料动力消耗量\times 燃料动力单价)$

(9) 台班其他费 $=\dfrac{年车船税+年保险费+年检测费}{年工作台班}$

2. 就本题而言，台班人工费的计算没有难度，直接套用公式即可。若要求计算机械台班单价，就需要根据上述公式逐项计算出各项费用。

3. 应特别关注施工机械台班单价中安拆费及场外运费的组成和确定。在考试中可以"关于施工机械安拆费和场外运费的说法，正确的是（　　）"的形式命题。

4. 施工机械台班单价的七项费用组成，可能会以"下列施工机械的费用项目中，应计入施工机械台班单价的有（　　）"的形式来命题。

考点 11 施工仪器仪表台班单价的确定方法

(题干) 下列费用项目中,构成施工仪器仪表台班单价的有 (**ACEF**)。

A. 折旧费
B. 检修费
C. 维护费
D. 人工费
E. 校验费
F. 动力费
G. 安拆费

> **细说考点**
>
> 1. 施工仪器仪表台班单价构成包括四项费用内容。选项 B、D、G 属于施工机械台班单价的组成内容。
> 2. 该考点还有可能考查施工仪器仪表台班单价的计算或者其中一项费用的计算。
> 3. 针对该考点需要掌握的公式:
>
> (1) 台班折旧费 = $\dfrac{\text{施工仪器仪表原值} \times (1-\text{残值率})}{\text{耐用总台班}}$
>
> (2) 台班维护费 = $\dfrac{\text{年维护费}}{\text{年工作台班}}$
>
> (3) 台班校验费 = $\dfrac{\text{年校验费}}{\text{年工作台班}}$
>
> (4) 台班动力费 = 台班耗电量 × 电价

考点 12 工程计价信息的特点及主要内容

(题干) 某类建筑材料本身的价格不高,但所需的运输费用却很高,该类建筑材料的价格信息一般具有较明显的 (**A**)。

A. 区域性
B. 多样性
C. 专业性
D. 系统性
E. 动态性
F. 季节性

> **细说考点**
>
> 1. 针对上述备选项,还可能作为考题的题目:
> (1) 要使工程造价管理的信息资料满足不同特点项目的需求,在信息的内容和形式上应具有 (**B**) 的特点。
> (2) 工程造价的管理活动和变化总是在一定条件下受各种因素的制约和影响。工程造价管理工作也同样是多种因素相互作用的结果,并且从多方面反映出来,因而从工程造价信息源发出来的信息应具有 (**D**)。

2.最能体现信息动态性变化特征,并且在工程价格的市场机制中起重要作用的工程造价信息主要包括价格信息、工程造价指数和工程造价指标三类。

(1) 价格信息包括人工价格信息、材料价格信息、施工机具价格信息。

(2) 工程造价指数包括各种单项价格指数、设备工器具价格指数、建筑安装工程造价指数、建设项目或单项工程造价指数。

考点13 工程造价指数的内容及其特征

(题干)下列工程造价指数中,用平均数指数形式编制的总指数有(CDE)。

A. 各种单项价格指数 B. 设备、工器具价格指数
C. 建筑安装工程价格指数 D. 建设项目造价指数
E. 单项工程造价指数

细说考点

1. 本考点是考查多项选择题的典型考点,对各工程造价指数的区分是关键,要对比记忆。这些指数互相作为干扰选项,还可能会考查题目如下:

(1) 下列工程造价指数,既属于总指数又可用综合指数形式表示的是(B)。

(2) 下列工程造价指数中,适合采用综合指数形式表示的是(B)。

(3) 下列工程造价指数中,属于个体指数的是(A)。

2. 针对该考点总结如下:

五项指数	具体内容	所属指数	表现形式
各种单项价格指数	人工费指数、材料费指数、施工机具使用费指数、企业管理费率指数、工程建设其他费率指数	个体指数	—
设备、工器具价格指数	—	总指数	综合指数
建筑安装工程价格指数	人工费指数、材料费指数、施工机具使用费指数、企业管理费指数	总指数	平均数指数
建设项目造价指数 单项工程造价指数	设备、工器具指数,建筑安装工程造价指数,工程建设其他费用指数综合得到	总指数	平均数指数

3. 在考试中,除了上述题型外,还会以判断正确与错误说法的综合题型对各造价指数的具体内容进行考查,这类型题目是对细节知识点的考查。比如:"关于工程造价指数,下列说法中正确的有(   )。

考点 14　工程计价信息的动态管理

（题干）为了达到工程造价信息动态管理的目的，要求在项目的实施过程中对有关信息的分类进行统一，对信息流程进行规范，力求做到格式化，从组织上保证信息生产过程的效率。这体现了工程造价信息管理应遵循的（A）原则。

A. 标准化
B. 有效性
C. 定量化
D. 时效性
E. 高效处理

细说考点

1. 针对上述备选项，还可能作为考题的题目：

（1）工程造价信息应针对不同层次管理者的要求进行适当加工，针对不同管理层提供不同要求和浓缩程度的信息。这一原则是为了保证信息产品对于决策支持的（B）。

（2）通过采用工程造价信息管理系统，尽量缩短信息在处理过程中的延迟。这体现了工程造价信息管理应遵循的（E）原则。

2. 关于该考点还应掌握工程造价信息化建设的内容。

（1）制定工程造价信息化管理发展规划。

（2）加快有关工程造价软件和网络的发展。

（3）发展工程造价信息化，推进造价信息的标准化工作。具体工作内容包括组织编制建设工程人工、材料、机具、设备的分类及标准代码，工程项目分类标准代码，各类信息采集及传输标准格式。

（4）加快培养工程造价管理信息化人才。

（5）发展造价信息咨询业，建立不同层次的造价信息动态管理体系。

考点 15　BIM技术在工程造价管理各阶段的应用

（题干）BIM作为一个建筑信息的集成体，分布在工程建设全过程的造价管理。建设单位在决策阶段可以根据不同的项目方案建立初步的建筑信息模型，BIM模型的建立可以（ABC）。

A. 调用与拟建项目相似工程的造价数据
B. 高效准确地估算出拟建项目的总投资额
C. 获取各项目方案的投资收益指标信息
D. 对设计方案优选或限额设计
E. 对设计模型的多专业一致性检查
F. 应用于设计概算、施工图预算的编制管理和审核

G. 进行工程量自动计算、统计分析

H. 帮助各方参与人员确定不同时间节点

I. 确定施工进度、施工成本和资源计划配置

J. 确定竣工结算和决算价格

K. 办理项目的资产移交

> **细说考点**
>
> 1.BIM 技术具有可视化、协调性、模拟性、互用性、优化性。针对上述备选项，还可能作为考题的题目：
>
> (1) BIM 技术在设计阶段的主要应用包括（DEF）。
>
> (2) BIM 技术在发承包阶段的主要应用包括（G）。
>
> (3) BIM 技术在施工过程中的主要应用包括（HI）。
>
> (4) BIM 技术在竣工阶段的主要应用包括（JK）。
>
> 2.BIM 技术对工程造价管理的价值主要体现以下几方面：
>
> (1) 提高了工程量计算的准确率和效率。
>
> (2) 提高了设计效率和质量。
>
> (3) 提高工程造价分析能力。
>
> (4) 真正实现了造价全过程管理。

第五章
工程决策和设计阶段造价管理

本章可考题目与题型

考点1 工程项目策划的主要内容

（题干）工程项目构思策划需要完成的工作内容是（ABCDEFGHIJK）。

A. 描述项目系统的总体功能

B. 工程项目的定义

C. 描述工程项目的性质、用途和基本内容

D. 工程项目的定位

E. 描述工程项目的建设规模、建设水准

F. 描述工程项目在社会经济发展中的地位、作用和影响力

G. 工程项目的系统构成

H. 描述系统内部各单项工程、单位工程的构成

I. 内部系统与外部系统的协调

J. 协作和配套的策划思路及方案的可行性分析

K. 工程项目定位依据及必要性和可能性分析

L. 工作程序、制度及运行机制

M. 工程项目目标策划

N. 工程项目实施过程策划

O. 工程项目合同结构

P. 项目管理组织协调

Q. 工程项目融资策划

R. 工程项目组织策划

S. 项目管理机构设置

细说考点

1. 本考点还可能考查的题目：上述策划内容中，属于工程项目实施策划的是（LMNOPQRS）。

2. 工程项目构思策划的内容与工程项目实施策划的内容通常互为干扰选项，考生应注意区分。

3.该考点重复进行考核的概率极高。其中,项目组织策划、融资策划、目标策划、实施过程策划的具体内容也是近年考核的要点。

考点2 限额设计

(题干)关于限额设计的表述中,正确的是(ABCDEFG)。
A.限额设计中,工程使用功能不能减少,技术标准不能降低,工程规模也不能削减
B.限额设计需要在投资额度不变的情况下,实现使用功能和建设规模的最大化
C.投资决策阶段是限额设计的关键
D.初步设计阶段需要依据最终确定的可行性研究方案和投资估算,对影响投资的因素按照专业进行分解,并将规定的投资限额下达到各专业设计人员
E.设计单位的最终成果文件是施工图
F.限额设计的实施是建设工程造价目标的动态反馈和管理过程
G.限额设计的实施可分为目标制定、目标分解、目标推进和成果评价四个阶段

细说考点

1. A选项中涉及的三个"不能"易进行反向描述,对考生进行考核。
2. B选项中,"投资额度"和"使用功能和建设规模"均为考核的要点。

考点3 设计方案的评价方法

(题干)下列设计方案的评价方法中,(A)是一种静态价值指标评价方法,没有考虑资金的时间价值,只适用于建设周期较短的工程。
A.综合费用法   B.全寿命期费用法
C.价值工程法   D.多因素评分优选法
E.单指标法   F.多指标法
G.工程造价指标法   H.主要材料消耗指标法
I.工期指标法   J.劳动消耗指标法

细说考点

1.本考点还可能会考查的题目如下:
(1)单指标法是以单一指标为基础对建设工程技术方案进行综合分析与评价的方法。较常用的单指标法包括(ABCD)。
(2)多指标法就是采用多个指标,将各个对比方案的相应指标值逐一进行分析比较,按照各种指标数值的高低对其作出评价。其评价指标包括(GHIJ)。

2. A 选项综合费用法的费用包括方案投产后的年度使用费、方案的建设投资以及由于工期提前或延误而产生的收益或亏损等。其基本出发点在于将建设投资和使用费结合起来考虑，同时考虑建设周期对投资效益的影响，以综合费用最小为最佳方案。

3. B 选项的全寿命期费用法考虑了资金的时间价值，是一种动态的价值指标评价方法。由于不同技术方案的寿命期不同，应用全寿命期费用法计算费用时，不用净现值法，而用年度等值法，以年度费用最小者为最优方案。

4. C 选项的价值工程法主要是对产品进行功能分析，研究如何以最低的全寿命期成本实现产品的必要功能，从而提高产品价值。

关于价值工程法，还可以"要使建设工程的价值能够大幅提高，获得较高的经济效益，必须首先在（）应用价值工程法，使建设工程的功能与成本合理匹配""在设计中应用价值工程的原理和方法，在保证（）的情况下，力求节约成本，以设计出更加符合用户要求的产品"的形式进行考核。在工程设计阶段，应用价值工程法对设计方案进行评价的步骤：功能分析→功能评价→计算功能评价系数→计算成本系数→求出价值系数。

5. 多因素评分优选法是多指标法与单指标法相结合的一种方法，综合了定量分析评价与定性分析评价的优点。

考点4 影响工业建设项目工程造价的主要因素

（题干）总平面设计中影响工程造价的主要因素包括（ABCD）。

A. 现场条件   B. 占地面积
C. 功能分区   D. 运输方式
E. 建设规模、标准   F. 产品方案
G. 工艺流程   H. 设备选型
I. 主要原材料、燃料供应 J. 劳动定员
K."三废"治理及环保措施   L. 平面形状
M. 流通空间   N. 空间组合
O. 建筑物的体积与面积 P. 建筑结构
Q. 柱网布置

细说考点

1. 上述内容要对比记忆，这些相互作为干扰选项，还可能会考查的题目如下：
（1）工艺设计阶段影响工程造价的主要因素包括（EFGHIJK）。
（2）建筑设计阶段影响工程造价的主要因素包括（LMNOPQ）。

2. 该考点在考试中经常会考查细节性的内容，每一句话都可以作为一个采分点。可以考查的知识点如下：

(1) 在同样的建筑面积下，建筑平面形状不同，建筑周长系数 $K_周$ 便不同。

(2) 建筑周长系数越低，设计越经济。

(3) 圆形、正方形、矩形、T 形、L 形建筑的 $K_周$ 依次增大。在此可能出现的题目：下列不同平面形状的建筑物，其建筑物周长与建筑面积比 $K_周$ 按从小到大顺序排列正确的是（　　）。

(4) 在满足建筑物使用要求的前提下，应将流通空间减少到最小。

(5) 在建筑面积不变的情况下，建筑层高的增加会引起各项费用的增加。

(6) 当建筑物超过一定层数时，结构形式就要改变，单位造价通常会增加。

(7) 建筑物尺寸的增加，一般会引起单位面积造价的降低。

(8) 对于民用建筑，结构面积系数越小，有效面积越大，设计越经济。

(9) 对于五层以下的建筑物一般选用砌体结构；对于大中型工业厂房一般选用钢筋混凝土结构；对于多层房屋或大跨度结构，选用钢结构明显优于钢筋混凝土结构。

(10) 对于工业建筑，柱网布置对结构的梁板配筋及基础的大小会产生较大的影响。

(11) 对于单跨厂房，当柱间距不变时，跨度越大单位面积造价越低；对于多跨厂房，当跨度不变时，中跨数目越多越经济；对于高层或者超高层建筑，框架结构和剪力墙结构比较经济。

考点 5　影响民用建设项目工程造价的主要因素

(题干) 民用住宅建筑设计中影响工程造价的主要因素包括（ABCDE）。

A. 建筑物平面形状和周长系数　　　　B. 住宅的层高和净高
C. 住宅的层数　　　　　　　　　　　D. 住宅单元组成、户型和住户面积
E. 住宅建筑结构的选择　　　　　　　F. 占地面积
G. 建筑群体的布置形式

细说考点

1. 本考点还可能考查的题目：住宅小区建筑设计中影响工程造价的主要因素包括（FG）。

2. 该考点主要以判断正确与否的题型出现，可以考查的知识点如下：

(1) 在满足住宅功能和质量的前提下，应适当加大住宅宽度，有利于降低造价。

(2) 降低住宅层高，有利于降低单方造价。

(3) 结构面积系数越小，设计方案越经济。

(4) 结构面积系数与房屋结构有关。

(5) 结构面积系数与房屋外形及其长度和宽度有关。

(6) 结构面积系数与房间平均面积大小和户型组成有关。

(7) 层高降低可提高住宅区的建筑密度，节约土地成本。

(8) 随着住宅层数的增加，单方造价系数在逐渐降低。

(9) 当住宅层数超过一定限度时，工程造价将大幅度上升。

3. 该考点也会与影响工业建设项目工程造价的主要因素进行综合考查，例如："关于工程设计对造价的影响，下列说法中正确的有（　　）"。

考点6　投资估算的作用

（题干） 关于项目投资估算的作用，下列说法中正确的有（ABCDEFGH）。

A. 项目建议书阶段的投资估算，是编制项目规划、确定建设规模的参考依据

B. 可行性研究阶段的投资估算，是建设项目投资的最高限额，不得随意突破

C. 项目投资估算是设计阶段造价控制的依据，投资估算一经确定，即成为限额设计的依据

D. 项目投资估算可作为项目资金筹措的依据

E. 项目投资估算可作为制订建设贷款计划的依据

F. 项目投资估算是核算建设项目固定资产投资需要额的重要依据

G. 项目投资估算是编制固定资产投资计划的重要依据

H. 投资估算是建设工程设计招标、优选设计单位和设计方案的重要依据

细说考点

1. 针对 A、B 选项颠倒说法是经常出现的干扰选项。

2. 如果要考这个内容，会以"断正确与错误"的选择题出现，一般不会单独成题。

考点7　投资估算的阶段划分与精度要求

（题干） 可行性研究阶段投资估算精确度的要求为：误差控制在（B）以内。

A. ±5%
B. ±10%
C. ±20%
D. ±30%

细说考点

1. 本考点还可能考查的题目如下：

(1) 在国外项目投资估算中，对投资机会研究阶段投资估算精度的要求为误差控制在（D）以内。

(2) 在国外项目投资估算中，对初步可行性研究阶段投资估算精度的要求为误差控制在（C）以内。

(3) 在国外项目投资估算中，对详细可行性研究阶段投资估算精度的要求为误差控制在（B）以内。

（4）在国外项目投资估算中，对工程设计阶段投资估算精度的要求为误差控制在（A）以内。

（5）在我国项目投资估算中，对项目建议书阶段投资估算精度的要求为误差控制在（D）以内。

（6）在我国项目投资估算中，对预可行性研究阶段投资估算精度的要求为误差控制在（C）以内。

（7）在我国项目投资估算中，对可行性研究阶段投资估算精度的要求为误差控制在（B）以内。

2. 关于投资估算的精度要求一般以单项选择题形式进行考查。各阶段投资估算的阶段划分及精度要求总结如下：

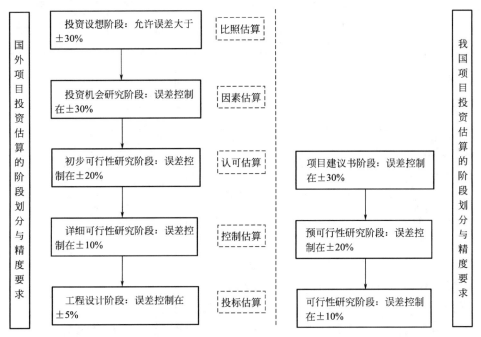

3. 本考点还可能考查的题目如下：

（1）在国外项目投资估算中，有初步的工艺流程图、主要生产设备的生产能力及项目建设的地理位置等条件，可套用相近规模厂的单位生产能力建设费用来估算拟建项目所需的投资额。以上投资估算方法适用于（B）阶段。

A. 投资设想　　　　　　　　　　B. 投资机会研究

C. 初步可行性研究　　　　　　　D. 详细可行性研究

E. 工程设计　　　　　　　　　　F. 项目建议书

（2）我国项目投资估算中，在掌握更详细、更深入的资料的条件下，估算建设项目所需投资额。以上投资估算方法适用于（G）阶段。

A. 投资设想　　　　　　　　　　B. 投资机会研究

C. 初步可行性研究　　　　　　　D. 详细可行性研究

E. 工程设计   F. 项目建议书
G. 预可行性研究

考点8　项目建议书阶段投资估算方法

（题干） 在国外某地建设一座化工厂，已知设备到达工地的费用（E）为3000万美元，该项目的朗格系数（K）及包含的内容见下表。则该工厂的间接费用为（C）万美元。

	朗格系数（K）	3.003
内容	（a）包括基础、设备、油漆及设备安装费	$E \times 1.4$
	（b）包括上述在内和配管工程费	（a）$\times 1.1$
	（c）装置直接费	（b）$\times 1.5$
	（d）包括上述在内和间接费	（c）$\times 1.3$

A. 9009　　　　　　　　　　　　　B. 6930
C. 2079　　　　　　　　　　　　　D. 1350

细说考点

1. 根据上表：
（a）＝$E \times 1.4$＝3000×1.4＝4200（万美元）；
（b）＝（a）×1.1＝4200×1.1＝4620（万美元）；
（c）＝（b）×1.5＝4620×1.5＝6930（万美元）；
（d）＝（c）×1.3＝6930×1.3＝9009（万美元）；
配管工程费＝（b）－（a）＝4620－4200＝420（万美元）；
间接费＝（d）－（c）＝9009－6930＝2079（万美元）。

2. 项目建议书阶段投资估算方法是非常重要的知识点，也是计算题的典型考点。对这部分内容总结如下：

生产能力指数法	$$C_2 = C_1 \left(\frac{Q_2}{Q_1}\right)^x f$$ 式中　C_1——已建成类似项目的静态投资额；C_2——拟建项目的静态投资额；Q_1——已建类似项目的生产能力；Q_2——拟建项目的生产能力；x——生产能力指数；f——不同时期、不同地点的定额、单价、费用和其他差异的综合调整系数	（1）若已建类似项目规模与拟建项目规模的比值为0.5~2时，x的取值近似为1。（2）若已建类似项目规模与拟建项目规模的比值为2~50，且拟建项目生产规模的扩大仅靠增大设备规模来达到时，则x的取值为0.6~0.7。（3）若是靠增加相同规格设备的数量达到时，x的取值为0.8~0.9

续表

系数估算法	设备系数法	$C = E(1 + f_1P_1 + f_2P_2 + f_3P_3 + \cdots) + I$ 式中　　C——拟建项目的静态投资； 　　　　E——拟建项目根据当时当地价格计算的设备购置费； 　　　$P_1, P_2, P_3 \cdots$——已建成类似项目中建筑安装工程费及其他工程费等与设备购置费的比例； 　　　$f_1, f_2, f_3 \cdots$——不同建设时间、地点而产生的定额、价格、费用标准等差异的调整系数； 　　　　I——拟建项目的其他费用
	主体专业系数法	$C = E(1 + f_1P'_1 + f_2P'_2 + f_3P'_3 + \cdots) + I$ 式中　　E——与生产能力直接相关的工艺设备投资； 　　　P'_1, P'_2, P'_3——已建项目中各专业工程费用与工艺设备投资的比重。 其他符号同前
	朗格系数法	$C = E(1 + \sum K_i) \cdot K_c$ 式中　　K_i——管线、仪表、建筑物等专项费用的估算系数； 　　　K_c——管理费、合同费、应急费等间接费用在内的总估算系数。 其他符号同前
比例估算法		$I = \dfrac{1}{K}\sum_{i=1}^{n} Q_i P_i$ 式中　I——拟建项目的静态投资； 　　　K——已建项目主要设备投资占已建项目投资的比例； 　　　n——主要设备种类数； 　　　Q_i——第 i 种主要设备的数量； 　　　P_i——第 i 种主要设备的购置单价（到厂价格）

3. 以下是可能会出现的题目：

（1）某地 2017 年拟建一座年产 20 万吨的化工厂，该地区 2015 年建成的年产 15 万吨，相同产品的类似项目实际建设投资为 6000 万元。2015 年和 2017 年该地区的工程造价指数（定基指数）分别为 1.12 和 1.15，生产能力指数为 0.7，预计该项目建设期的两年内工程造价仍将年均上涨 5%。则该项目的静态投资为（B）万元。

　　A. 7147.08　　　　　　　　　　　　B. 7535.09
　　C. 7911.84　　　　　　　　　　　　D. 8307.43

分析

该项目的静态投资 $= 6000 \times (20/15)^{0.7} \times (1.15/1.12) = 7535.09$（万元）。

(2) 某地 2016 年拟建一年产 50 万吨产品的工业项目，预计建设期为 3 年，该地区 2013 年已建年产 40 万吨的类似项目投资为 2 亿元。已知生产能力指数为 0.9，该地区 2013、2016 年同类工程造价指数分别为 108、112，预计拟建项目建设期内工程造价年上涨率为 5%。用生产能力指数法估算的拟建项目静态投资为（A）亿元。

　　A. 2.54　　　　　　　　　　　　B. 2.74
　　C. 2.75　　　　　　　　　　　　D. 2.94

分析

拟建项目静态投资 $=2\times(50/40)^{0.9}\times112/108=2.54$（亿元）。

这里需要注意"预计拟建项目建设期内工程造价年上涨率为 5%"是个干扰条件。

(3) 世界银行货款项目的投资估算常采用朗格系数法推算建设项目的静态投资，该方法的计算基数是（B）。

　　A. 主体工程费　　　　　　　　　B. 设备购置费
　　C. 其他工程费　　　　　　　　　D. 安装工程费

(4) 某地拟于 2015 年新建一年产 60 万吨产品的生产线，该地区 2013 年建成的年产 50 万吨相同产品生产线的建设投资额为 5000 万元。假定 2013 年至 2015 年该地区工程造价年均递增 5%，则该生产线的建设投资为（D）万元。

　　A. 6000　　　　　　　　　　　　B. 6300
　　C. 6600　　　　　　　　　　　　D. 6615

分析 因为 $Q_1/Q_2=50/60=0.83\in[0.5,2]$，所以 $x=1$。

该生产线的建设投资 $=5000\times(60/50)^1\times(1+5\%)^2=6615$（万元）。

(5) 某地 2012 年拟建年产 30 万吨化工产品项目。根据调查，某生产相同产品的已建成项目，年产量为 10 万吨，建设投资为 12000 万元。若生产能力指数为 0.9，综合调整系数为 1.15，则该拟建项目的建设投资是（C）万元。

　　A. 28047　　　　　　　　　　　B. 36578
　　C. 37093　　　　　　　　　　　D. 37260

分析

拟建项目的建设投资 $=12000\times(30/10)^{0.9}\times1.15=37093$（万元）。

(6) 投资估算的编制方法中，以拟建项目的主体工程费为基数，以其他工程费与主体工程费的百分比为系数，估算拟建项目静态投资的方法是（C）。

　　A. 单位生产能力估算法　　　　　B. 生产能力指数法
　　C. 系数估算法　　　　　　　　　D. 比例估算法

(7) 2006 年已建成年产 20 万吨的某化工厂，2010 年拟建年产 100 万吨相同产品的新项目，并采用增加相同规格设备数量的技术方案。若应用生产能力指数法估算拟建项目投资额，则生产能力指数取值的适宜范围是（C）。

A. $0.4 \sim 0.5$ B. $0.6 \sim 0.7$
C. $0.8 \sim 0.9$ D. ≈ 1

(8) 投资估算有多种方法，下列算式中，属于系数估算法的是（B）。

A. $I = \dfrac{1}{K}\sum_{i=1}^{n} Q_i P_i$ B. $C = E \cdot K_L$

C. $C_2 = \left(\dfrac{C_1}{Q_1}\right) Q_2 f$ D. $C_2 = C_1 \left(\dfrac{Q_2}{Q_1}\right)^x \cdot f$

(9) 以拟建项目的设备购置费为基数，根据已建成的同类项目的建筑安装费和其他工程费等与设备价值的百分比，求出拟建项目建筑安装工程费和其他工程费，这种方法称为（D）。

A. 主体专业系数法 B. 朗格系数法
C. 指标估算法 D. 设备系数法

考点9 可行性研究阶段投资估算方法

(题干) 下列安装工程费估算公式中，适用于估算工业炉窑砌筑和工艺保温或绝热工程安装工程费的是（**C**）。

A. 设备原价×设备安装费率（％）
B. 设备吨重×单位重量（吨）安装费指标
C. 重量（体积、面积）总量×单位重量（体积、面积）安装费指标
D. 设备工程量×单位工程量安装费指标

细说考点

1. 本考点还可能考查的题目如下：
(1) 下列安装工程费估算公式中，适用于估算工艺设备安装费的是（AB）。
(2) 下列安装工程费估算公式中，适用于估算电气设备及自控仪表安装费的是（D）。
2. 建筑工程费用估算方法包括单位建筑工程投资估算法、单位实物工程量投资估算法、概算指标投资估算法，注意区别三种方法的应用。

考点10 流动资金的估算

(题干) 下列利用分项详细估算法计算流动资金的公式中，正确的是（ABCDEFGHIJKLM）。

A. 流动资产＝应收账款＋预付账款＋存货＋库存现金
B. 流动负债＝应付账款＋预收账款

C. 应收账款＝年经营成本/应收账款周转次数

D. 预付账款＝外购商品或服务年费用金额/预付账款周转次数

E. 存货＝外购原材料、燃料＋其他材料＋在产品＋产成品

F. 外购原材料、燃料＝年外购原材料、燃料费用/分项周转次数

G. 其他材料＝年其他材料费用/其他材料周转次数

H. 在产品＝$\dfrac{年外购原材料、燃料＋年工资及福利费＋年修理费＋年其他制造费用}{在产品周转次数}$

I. 产成品＝（年经营成本－年其他营业费用）/产成品周转次数

J. 现金＝（年工资及福利费＋年其他费用）/现金周转次数

K. 年其他费用＝制造费用＋管理费用＋营业费用－（以上三项费用中所含的工资及福利费、折旧费、摊销费、修理费）

L. 应付账款＝外购原材料、燃料动力费及其他材料年费用/应付账款周转次数

M. 预收账款＝预收的营业收入年金额/预收账款周转次数

细说考点

1. 流动资金估算方法包括分项详细估算法和扩大指标估算法。

上述公式在考试中可能考查的计算题举例：

预计某年度应收账款1800万元，应付账款1300万元，预收账款700万元，预付账款500万元，存货1000万元，现金400万元。则该年度流动资金估算额为（C）万元。

A. 700　　　　　　　　　　B. 1100

C. 1700　　　　　　　　　 D. 2100

分析

该年度流动资金估算额＝1800＋500＋1000＋400－1300－700＝1700（万元）。

2. 流动资金估算应注意：

（1）流动资金周转额的大小与生产规模及周转速度直接相关。

（2）分项详细估算时，需要计算各类流动资产和流动负债的年周转次数。

（3）流动资金一般要求在投产前一年开始筹措，可规定在投产的第一年开始按生产负荷安排流动资金需用量。

（4）在不同生产负荷下的流动资金，应按不同生产负荷所需的各项费用金额分别估算，不能直接按照100%生产负荷下的流动资金乘以生产负荷百分比求得。

考点 11　建设投资估算表的编制

(题干) 按照形成资产法编制建设投资估算表，下列费用中可计入无形资产费用的有（LMNOP）。

A. 建设管理费　　　　　　　B. 可行性研究费

C. 研究试验费　　　　　　　D. 勘察设计费

E. 专项评价及验收费 F. 场地费准备及临时设施费
G. 引进技术和引进设备其他费 H. 工程保险费
I. 联合试运转费 J. 特殊设备安全监督检验费
K. 市政公用设施建设及绿化费 L. 专利权
M. 非专利技术 N. 商标权
O. 土地使用权 P. 商誉
Q. 生产准备费 R. 开办费

细说考点

1. 建设管理费包括建设单位管理费和工程监理费。建设单位管理费包括：工作人员工资、工资性补贴、施工现场津贴、职工福利费、住房基金、基本养老保险费、基本医疗保险费、失业保险费、工伤保险费、办公费、差旅交通费、劳动保护费、工具用具使用费、固定资产使用费、必要的办公及生活用品购置费、必要的通信设备及交通工具购置费、零星固定资产购置费、招募生产工人费、技术图书资料费、业务招待费、设计审查费、工程招标费、合同契约公证费、法律顾问费、咨询费、完工清理费、竣工验收费、印花税和其他管理性质开支。

2. 本考点还可能考查的题目如下：

（1）下列费用项目中，属于固定资产费用的有（ABCDEFGHIJK）。

（2）下列费用项目中，属于其他资产费用的有（QR）。

3. 固定资产其他费用、无形资产费用和其他资产费用的计算举例：

某建设项目投资估算中，建设管理费2000万元，可行性研究费100万元，勘察设计费5000万元，引进技术和引进设备其他费400万元，市政公用设施建设及绿化费2000万元，专利权使用费200万元，非专利技术使用费100万元，生产准备及开办费500万元，则按形成资产法编制建设投资估算表，计入固定资产其他费用、无形资产费用和其他资产费用的金额分别为（C）。

A. 10000万元、300万元、0万元 B. 9600万元、700万元、0万元
C. 9500万元、300万元、500万元 D. 9100万元、700万元、500万元

分析 固定资产费用是指项目投产时将直接形成固定资产的建设投资，包括工程费用和工程建设其他费用中按规定将形成固定资产的费用，后者被称为固定资产其他费用，主要包括建设管理费、可行性研究费、研究试验费、勘察设计费、专项评价及验收费、场地准备及临时设施费、引进技术和引进设备其他费、工程保险费、联合试运转费、特殊设备安全监督检验费和市政公用设施建设及绿化费等；无形资产费用是指将直接形成无形资产的建设投资，主要是专利权、非专利技术、商标权、土地使用权和商誉等；其他资产费用是指建设投资中固定资产和无形资产以外的部分，如生产准备及开办费等。固定资产其他费＝2000＋100＋5000＋400＋2000＝9500（万元）；无形资产费＝200＋100＝300（万元）；其他资产费＝500（万元）。

考点 12　设计概算的概念及作用

(题干) 关于设计概算的说法，正确的有（ABCDEFGHIJKLMN）。

A. 设计概算是对建设项目从筹建至竣工交付使用所需全部费用进行的预计

B. 采用两阶段设计的建设项目，初步设计阶段必须编制设计概算

C. 政府投资项目的设计概算经批准后，一般不得调整

D. 超出原设计范围的重大变更，允许调整设计概算

E. 超出基本预备费规定范围的不可抗拒重大自然灾害引起的工程变动和费用增加，允许调整设计概算

F. 超出价差预备费的国家重大政策性调整，允许调整设计概算

G. 设计概算是编制年度固定资产投资计划、确定计划投资总额的依据

H. 设计概算一经批准，将作为控制建设项目投资的最高限额

I. 设计概算是控制施工图设计和施工图预算的依据

J. 设计概算是衡量设计方案技术经济合理性和选择最佳设计方案的依据

K. 设计概算是编制最高投标限价（招标标底）和投标报价的依据

L. 设计概算是签订建设工程合同和贷款合同的依据

M. 设计概算是考核建设项目投资效果的依据

N. 设计概算应按编制时项目所在地的价格水平编制，总投资应完整地反映编制时建设项目的实际投资

> **细说考点**
> 1. 该考点不仅可以"判断正确与错误的综合题型"考查，而且其中的每一个备选项都可能作为一个单项选择题考查。
> 2. 设计概算的作用及允许调整概算的情况均可考查多项选择题。

考点 13　设计概算的编制内容

(题干) 下列投资概算中，属于建筑单位工程概算的有（ABCDEF）。

A. 一般土建工程概算　　　　　　　　B. 给排水、采暖工程概算

C. 通风、空调工程概算　　　　　　　D. 电气、照明工程概算

E. 弱电工程概算　　　　　　　　　　F. 特殊构筑物工程概算

G. 机械设备及安装工程概算　　　　　H. 电气设备及安装工程概算

I. 热力设备及安装工程概算　　　　　J. 工器具及生产家具购置费概算

K. 辅助和服务性单项工程单项综合概算　L. 主要生产性单项工程综合概算

M. 室外单项工程综合概算　　　　　　N. 基本预备费概算

O. 工程建设其他费用概算　　　　　　P. 价差预备费概算

Q. 建设期利息概算　　　　　R. 铺底流动资金概算

细说考点

1. 本考点还可能考查的题目如下：

(1) 单位工程概算按其工作性质可分为单位建设工程概算和单位设备及安装工程概算两类，下列属于单位设备及安装工程概算的是（GHIJ）。

(2) 某建设项目由厂房、办公楼、宿舍等单项工程组成，则可包含在各单项工程综合概算中的内容有（ABCDEFGHIJ）。

(3) 下列投资概算中，属于建设项目总概算的有（KLMNOPQR）。

2. 注意区分"三级概算"与"二级概算"。设计概算的"三级概算"是指单位工程概算、单项工程综合概算、建设项目总概算。设计概算的"二级概算"是指单位工程概算、建设项目总概算。

3. 考生应谨记三级概算的具体内容。三级概算之间的相互关系和费用构成如下：

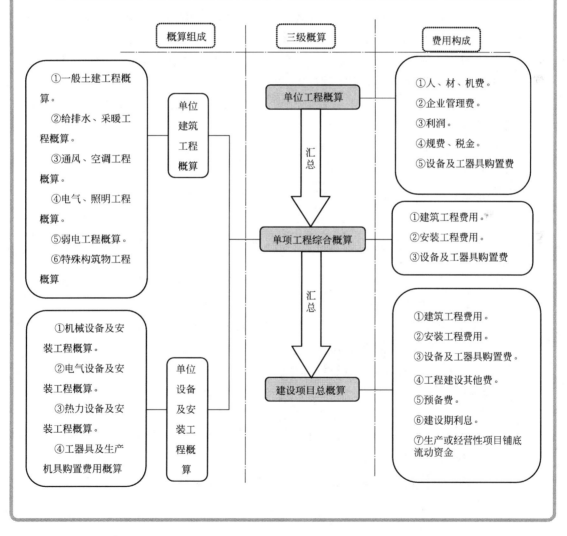

考点 14　建筑工程概算的编制

（题干） 建筑工程概算的编制方法主要有（**ABC**）。

A. 概算定额法 　　　　　　　　B. 概算指标法
C. 类似工程预算法　　　　　　　D. 预算单价法
E. 扩大单价法　　　　　　　　　F. 设备价值百分比法
G. 综合吨位指标法

> **细说考点**
>
> 1. 应注意区分建筑工程概算编制方法与单位设备及安装工程概算编制方法的相互干扰。本考点还可能考查的题目：单位设备及安装工程概算的编制方法包括（DEFG）。
>
> 2. 对建筑工程概算的编制方法与单位设备及安装工程概算的编制方法要注意区分其适用情形。本考点还可能考查的题目如下：
>
> （1）某拟建工程初步设计已达到必要的深度，能够据此计算出扩大分项工程的工程量，则能较为准确地编制拟建工程概算的方法是（A）。
>
> （2）在建筑工程初步设计文件深度不够、不能准确计算出工程量的情况下，可采用的设计概算编制方法是（B）。
>
> （3）利用技术条件与设计对象相类似的已完工程或在建工程的工程造价资料来编制拟建工程设计概算的方法是（C）。
>
> （4）当初步设计深度较深，有详细的设备清单时，最精确地编制设备安装工程费概算的方法是（D）。
>
> （5）当初步设计深度不够，设备清单不完备，只有主体设备或仅有成套设备重量时，可采用（E）来编制概算。
>
> （6）当初步设计深度不够，只有设备出厂价而无详细规格、重量时，编制设备安装工程费概算可选用的方法是（F）。
>
> （7）当初步设计提供的设备清单有规格和设备重量时，可采用（G）编制概算。
>
> 3. 针对 B 选项，在直接套用概算指标时，还要掌握拟建工程应符合的三个条件：
>
> ① 拟建工程的建设地点与概算指标中的工程建设地点相同；
>
> ② 拟建工程的工程特征和结构特征与概算指标中的工程特征、结构特征基本相同；
>
> ③ 拟建工程的建筑面积与概算指标中工程的建筑面积相差不大。
>
> 4. 针对该考点，需要掌握的计算公式有：
>
> （1）拟建工程结构特征与概算指标有局部差异时的调整。
>
> ① 调整概算指标中的每 $1m^2$（m^3）造价。

$$\begin{aligned}\text{结构变化修正} \\ \text{概算指标（元}/m^2\text{）}\end{aligned} = \begin{aligned}\text{原概算指标} \\ \text{综合单价}\end{aligned} + \begin{aligned}\text{概算指标中} \\ \text{换入结构的工程量}\end{aligned} \times \begin{aligned}\text{换入结构的} \\ \text{综合单价}\end{aligned} -$$

$$\begin{aligned}\text{概算指标中换出} \\ \text{结构的工程量}\end{aligned} \times \begin{aligned}\text{换出结构的} \\ \text{综合单价}\end{aligned}$$

② 调整概算指标中的人、材、机数量。

$$\begin{aligned}\text{结构变化修正概算} \\ \text{指标的人、材、机数量}\end{aligned} = \begin{aligned}\text{原概算指标的} \\ \text{人、材、机数量}\end{aligned} + \begin{aligned}\text{换入结构} \\ \text{件工程量}\end{aligned} \times \begin{aligned}\text{相应定额人、} \\ \text{材、机消耗量}\end{aligned} -$$

$$\begin{aligned}\text{换出结构件} \\ \text{工程量}\end{aligned} \times \begin{aligned}\text{相应定额人、} \\ \text{材、机消耗量}\end{aligned}$$

(2) 类似工程造价资料只有人工、材料、施工机具使用费和企业管理费等费用或费率时，可按下面公式调整：

$$D = A \cdot K$$
$$K = a\% K_1 + b\% K_2 + c\% K_3 + d\% K_4$$

式中　　　　　D——拟建工程成本单价；

　　　　　　　A——类似工程成本单价；

　　　　　　　K——成本单价综合调整系数；

$a\%$，$b\%$，$c\%$，$d\%$——类似工程预算的人工费、材料费、施工机具使用费、企业管理费占预算成本的比重，如 $a\%$ = 类似工程人工费/类似工程预算成本 $\times 100\%$，$b\%$，$c\%$，$d\%$ 类同；

K_1，K_2，K_3，K_4——拟建工程地区与类似工程预算造价在人工费、材料费、施工机具使用费、企业管理费之间的差异系数，如：K_1 = 拟建工程概算的人工费（或工资标准）/类似工程预算人工费（或地区工资标准），K_2，K_3，K_4 类同。

5. 计算题的考查形式举例：

(1) 某地拟建一办公楼，当地类似工程的单位工程概算指标为 3600 元/m^2。概算指标为瓷砖地面，拟建工程为复合木地板，每 $100m^2$ 该类建筑中铺贴地面面积为 $50m^2$，当地预算定额中瓷砖地面和复合木地板的预算单价分别为 128 元/m^2、190 元/m^2。假定以人、材、机费用之和为基数取费，综合费率为 25%。则用概算指标法计算的拟建工程造价指标为（D）元/m^2。

A. 2918.75　　　　　　　　　　　B. 3413.75
C. 3631.00　　　　　　　　　　　D. 3638.75

分析

① 根据题干"概算指标为瓷砖地面，拟建工程为复合木地板"，把瓷砖地面概算指标换出，把复合木地板概算指标换进。

② 每 $100m^2$ 该类建筑中铺贴地面面积为 $50m^2$，则每 $1m^2$ 建筑中铺贴地面面积就应该为 $50m^2/100m^2$。

③ 题干中"假定以人、材、机费用之和为基数取费，综合费率为25%"这个条件要注意，给出的是预算定额中的单价，预算单价是工料单价，也就是只包括人、材、机，不包括其他费用，其他费用要由综合费率来计算。

④ 拟建工程造价指标 = 3600 + (190×50/100 − 128×50/100)×(1+25%) = 3638.75（元/m²）。

(2) 已知概算指标中每100m²建筑面积分摊的人工消耗量为500工日。拟建工程与概算指标相比，仅楼地面做法不同，概算指标为瓷砖地面，拟建工程为花岗岩地面。查预算定额得到铺瓷砖和铺花岗岩地面的人工消耗量分别为37工日/100m²和24工日/100m²。拟建工程楼地面面积占建筑面积的65%，则对概算指标修正后的人工消耗量为（B）工日/100m²。

A. 316.55　　　　　　　　　　　B. 491.55
C. 508.45　　　　　　　　　　　D. 845.00

▶分析

概算指标修正后的人工消耗量 = 500 + 24×65% − 37×65% = 491.55（工日/100m²）。

(3) 某地拟建一工程，与其类似的已完工程单方工程造价为4500元/m²，其中人工、材料、施工机具使用费分别占工程造价的15%、55%和10%，拟建工程地区与类似工程地区人工、材料、施工机具使用费差异系数分别为1.05、1.03和0.98。假定以人、材、机费用之和为基数取费，综合费率为25%。用类似工程预算法计算的拟建工程造价指标为（D）元/m²。

A. 3699.00　　　　　　　　　　　B. 4590.75
C. 4599.00　　　　　　　　　　　D. 4623.75

▶分析 需要注意"假定以人、材、机费用之和为基数取费，综合费率为25%"这个条件。

拟建工程造价指标 = (4500×15%×1.05 + 4500×55%×1.03 + 4500×10%×0.98)×(1+25%) = 4623.75（元/m²）。

(4) 某新建设项目建筑面积5000m²，按概算指标和地区材料预算单价等算出一般土建工程单位造价为1200元/m²（其中，人、材、机费用1000元/m²，综合费率20%）。但新建项目的设计资料与概算指标相比，其结构中有部分变更：设计资料中外墙1砖厚，预算单价200元/m³，而概算指标中外墙1砖厚，预算单价180元/m³，并且设计资料中每100m²建筑面积含外墙62m³，而概算指标中含外墙47m³，其余条件均不考虑，则调整后的一般土建工程概算单价为（D）元/m²。

A. 1152.72　　　　　　　　　　　B. 1203.60
C. 1487.28　　　　　　　　　　　D. 1247.28

> **分析**
>
> 结构变化修正概算指标=1000+62/100×200-47/100×180=1039.4（元/m²）。
> 调整后的一般土建工程概算单价=1039.4×(1+20%)=1247.28（元/m²）。
>
> （5）某工程项目所需设备原价400万元，运杂费率为5%，安装费率为10%，则该项目的设备及安装工程概算为（C）万元。
>
> A. 400　　　　　　　　　　　B. 440
> C. 460　　　　　　　　　　　D. 462
>
> **分析**
>
> 设备及安装工程概算=设备购置费+设备安装费=400×(1+5%)+400×10%=460万元。

考点15　建设项目总概算的编制

（题干）下列文件中，包括在建设项目总概算文件中的有（ABCDE）。

A. 编制说明　　　　　　　　　B. 总概算表
C. 各单项工程综合概算书　　　D. 工程建设其他费用概算表
E. 主要建筑安装材料汇总表

> **细说考点**
>
> 1. 本考点还可能考查的题目如下：
> 编制设计概算文件时，经济分析指标放在项目总概算文件的（A）中。
> 2. 该考点还会以"判断正确与否"的题型出现，可以考查的知识整理如下：
> （1）建设项目总概算是预计整个建设项目从筹建到竣工交付使用所花费的全部费用的文件。
> （2）建设项目总概算是按照主管部门规定的统一表格进行编制的。
> （3）应按具体发生的工程建设其他费用项目填写工程建设其他费用概算表，需要说明和具体计算的费用项目依次相应在说明及计算式栏内填写或具体计算。
> （4）主要建筑安装材料汇总表针对每一个单项工程列出钢筋、型钢、水泥、木材等主要建筑安装材料的消耗量。

考点16　施工图预算的作用

（题干）关于施工图预算的作用的说法，正确的有（ABCDEFGHIJKLM）。

A. 施工图预算是设计阶段控制工程造价的重要环节

B. 施工图预算是控制施工图设计不突破设计概算的重要措施

C. 施工图预算是控制造价及资金合理使用的依据

D. 施工图预算是确定工程招标控制价的依据

E. 施工图预算可以作为确定合同价款、拨付工程进度款及办理工程结算的基础

F. 施工图预算是建筑施工企业投标报价的基础

G. 施工图预算是建筑工程预算包干的依据和签订施工合同的主要内容

H. 施工图预算是施工企业安排调配施工力量、组织材料供应的依据

I. 施工图预算是施工企业控制工程成本的依据

J. 施工图预算是进行"两算"对比的依据

K. 施工图预算是工程造价管理部门监督、检查执行定额标准，合理确定工程造价，测算造价指数的依据

L. 施工图预算是工程造价管理部门审定工程招标控制价的重要依据

M. 施工图预算是有关仲裁、管理、司法机关按照法律程序处理、解决问题的依据

细说考点

1. 该考点是典型的多项选择题考点，判断正确与错误的题型出现的概率较大。

2. 施工图预算的作用包括对投资方的作用、对施工企业的作用、对工程咨询单位的作用、对中介服务企业的作用、对造价管理部门的作用，均可单独成题。

考点 17　施工图预算的编制内容

（题干） 单位工程预算包括单位建筑工程预算和单位设备及安装工程预算。下列属于单位建筑工程预算的有（**ABCDEFGH**）。

A. 一般土建工程预算　　　　　　　B. 给排水工程预算

C. 采暖通风工程预算　　　　　　　D. 煤气工程预算

E. 电气照明工程预算　　　　　　　F. 弱电工程预算

G. 特殊构筑物工程预算　　　　　　H. 工业管道工程预算

I. 机械设备安装工程预算　　　　　J. 电气设备安装工程预算

K. 热力设备安装工程预算

细说考点

1. 关于该考点是否有似曾相识的感觉？掌握设计概算的编制内容之后，就可以很轻松地掌握该考点。单位建筑工程预算和单位设备及安装工程预算的组成在考试时相互作为干扰选项，还可能考查的题目：

下列费用项目中，在设备及安装工程预算编制范围之内的有（**IJK**）。

2. 关于该考点还要了解施工图预算文件的组成。施工图预算由建设项目总预算、

单项工程综合预算和单位工程预算组成。当建设项目有多个单项工程时,应采用三级预算编制形式,"三级预算"即施工图预算的三项组成;当建设项目只有一个单项工程时,应采用二级预算编制形式,"二级预算"即建设项目总预算和单位工程预算。在此可能出现的题目:

(1) 施工图预算的二级预算编制形式是指( )。

(2) 当建设项目有多个单项工程时,应采用三级预算编制形式,三级预算编制形式由( )组成。

3. 关于项目总预算及单项工程综合预算的内容还可能作为判断正确与错误说法题型出现的知识点,总结如下:

(1) 建设项目总预算是反映施工图设计阶段建设项目投资总额的造价文件。

(2) 建设项目总预算是施工图预算文件的主要组成部分。

(3) 建设项目总预算由组成该建设项目的各个单项工程综合预算和相关费用组成。

(4) 单项工程综合预算由构成该单项工程的各个单位工程施工图预算组成。

考点 18　施工图预算的编制依据

(题干) 施工图预算的编制依据有（ABCDEFG）。

A. 相应工程造价管理机构发布的预算定额
B. 施工图设计文件及相关标准图集和规范
C. 项目相关文件、合同、协议
D. 工程所在地的人工、材料、设备、施工机具预算价格
E. 施工组织设计
F. 施工方案
G. 项目的管理模式、发包模式及施工条件

细说考点

该考点是典型的多项选择题考题。

考点 19　工料单价法编制单位工程施工图预算

(题干) 工料单价法编制施工图预算的工作有：①计算主材费；②套用工料单价；③计算措施项目人材机费用；④划分工程项目和计算工程量；⑤进行工料分析。下列工作排序正确的是（D）。

A. ④②⑤①③
B. ④⑤①②③
C. ②④⑤①③
D. ④②③⑤①

E. ②④③⑤①　　　　　　　　　F. ④①③②⑤

> **细说考点**
>
> 1.关于工料单价法编制施工图预算的步骤，只有两种题型可考：第一种题型是上述形式；第二种题型就是下面这种形式：
>
> 采用工料单价法编制单位工程预算时，工料分析后紧接着的下一步骤是（　　）。
>
> 无论哪种题型，考生均需要掌握其工作步骤的顺序。
>
> 另外要注意的是，实物量法编制施工图预算在具体计算人工费、材料费、机械使用费及汇总三项费用之和方面工料单价法有一定区别，其采用的单价是当时当地的实际价格。
>
> 2.套用定额预算单价计算分部分项工程人材机费，该考点以"判断正确与错误说法"的题型考查的概率很大，而且单选、多选都有可能出现。出题方式举例：
>
> （1）采用工料单价法编制施工图预算时，下列做法正确的有（ABCDEF）。
>
> A.若分项工程主要材料品种与预算单价规定材料不一致，需要按实际使用材料价格换算预算单价
>
> B.因施工工艺条件与预算单价不一致而导致人工、机械的数量增加，调量不调价
>
> C.因施工工艺条件与预算单价不一致而使人工、机械数量减少，调量不调价
>
> D.因施工工艺条件与单位估价表不一致而使人工、机械数量增减，调量不调价
>
> E.当分项工程的名称、规格、计量单位与预算单价中所列内容完全一致时，可直接套用定额单价
>
> F.当分项工程的名称、规格、计量单位与单位估价表中所列内容完全一致时，可直接套用定额单价
>
> **分析**　针对A选项，可能设置的干扰选项是"直接套用预算单价"。针对B、C、D选项，可能设置的干扰选项是"只调价不调量"、"既调价也调量"。
>
> （2）可以"采用工料单价法计算工程费用时，若分项工程的施工工艺条件与定额单价不一致而造成人工、机械的数量增减时，对定额的处理方法一般是（　　）"这种题型出现。

考点20　实物量法编制单位工程施工图预算

（题干）实物量法编制施工图预算的工作有：①准备资料、熟悉施工图纸；②计算企业管理费等其他各项费用；③套用消耗定额，计算人工、材料、机具台班消耗量；④列项并计算工程量；⑤计算并汇总人工费、材料费和施工机具使用费；⑥复核、填写封面、编制说明。下列工作排序正确的是（B）。

A.①②④③⑤⑥　　　　　　　　　B.①④③⑤②⑥

C. ①③⑤②④⑥   D. ①③②④⑤⑥

> **细说考点**
>
> 1. 除上述题型外，也会以下面这种题型考查。
> "采用实物量法编制施工图预算时，在列项并计算工程量后紧接着的下一步骤是（　）"。
> 2. 实物量法编制施工图预算的步骤与工料单价法基本相似，具体在人工、材料、施工机具使用费及汇总三种费用之和方面有一定区别。
> 3. 实物量法编制施工图预算所用人工、材料和机械台班的单价都是当时当地的实际价格。

考点 21　审查设计概算与施工图预算的方法

(题干) 审查施工图预算的方法主要有（DEFGHIJK）。

A. 对比分析法　　　　　　　　B. 查询核实法
C. 联合会审法　　　　　　　　D. 全面审查法
E. 标准预算审查法　　　　　　F. 分组计算审查法
G. 对比审查法　　　　　　　　H. 筛选审查法
I. 重点审查法　　　　　　　　J. 利用手册审查法
K. 分解对比审查法

> **细说考点**
>
> 本考点还可能考查的题目如下：
> （1）审查设计概算的方法包括（ABC）。
> （2）在对某建设项目设计概算审查时，找到了与其关键技术基本相同、规模相近的同类项目的设计概算和施工图预算资料，则该建设项目的设计概算最适宜的审查方法是（A）。
> （3）对一些关键设备和设施、重要装置、引进工程图样不全、难以核算的较大投资，宜采用的审查方法是（B）。
> （4）审查全面、细致、质量高、效果好，但是工作量大，时间较长的施工图预算审查方法是（D）。
> （5）适合于一些工程量较小、工艺比较简单工程的施工图预算审查方法是（D）。
> （6）对利用标准图样或通用图样施工的工程，先集中力量编制标准预算，以此为准来审查工程预算的方法是（E）。
> （7）审查时间短、效果好、易定案，但其适用范围小，仅适用于采用标准图样工程的施工预算审查方法是（E）。

(8) 施工图预算审查时，利用房屋建筑工程标准层建筑面积数对楼面找平层、顶棚抹灰等工程量进行审查的方法，属于（F）。

(9) 当工程条件相同时，用已完工程的预算或未完但已经过审查修正的工程预算对比审查拟建工程的同类工程预算的方法是（G）。

(10) 施工图预算审查时，将分部分项工程的单位建筑面积指标总结归纳为工程量、价格、用工三个单方基本指标，然后利用这些基本指标对拟建项目分部分项工程预算进行审查的方法称为（H）。

(11) 审查速度快，便于发现问题，适用于审查住宅工程或不具备全面审查条件工程的施工图预算审查方法是（H）。

第六章
工程施工招投标阶段造价管理

本章可考题目与题型

考点1　施工招标方式

(题干) 下列有关公开招标与邀请招标的说法，正确的有（ABCDE）。
A. 公开招标是以招标公告的方式邀请不特定的法人或者其他组织投标
B. 邀请招标是招标人以投标邀请书的方式选择3个以上承包商进行竞争的方式
C. 项目技术复杂或有特殊要求，或者受自然地域环境限制，只有少量潜在投标人可供选择时，可以邀请招标
D. 涉及国家安全、国家秘密或者抢险救灾，适宜招标但不宜公开招标的，可以邀请招标
E. 采用公开招标方式的费用占项目合同金额的比例过大时，可以邀请招标

细说考点

1. 公开招标与邀请招标的区别主要在于：发布信息的方式不同、选择的范围不同、竞争的范围不同、公开的程度不同。
2. 一般会考核在什么情况下可以采用邀请招标。

考点2　施工招标程序

(题干) 施工招标过程中，招标准备阶段招标人的主要工作有（ABCDEF）。
A. 将施工招标范围、招标方式、招标组织形式报项目审批、核准部门审批、核准
B. 自行建立招标组织或招标代理机构
C. 划分施工标段，确定合同类型
D. 发布招标公告（及资格预审公告）或发出投标邀请函
E. 编制标底或确定招标控制价
F. 编制资格预审文件和招标文件
G. 进行市场调查
H. 发售资格预审文件
I. 分析评价资格预审材料

J. 确定资格预审合格者

K. 通知资格预审结果

L. 发售招标文件

M. 组织现场踏勘和标前会议

N. 进行招标文件的澄清和补遗

O. 接收投标文件（包括投标保函）

细说考点

1. 本考点还可能考查的题目如下：

施工招标过程中，资格审查与投标阶段招标人的主要工作有（HIJKLMNO）。

2. G 选项为投标人在招标准备阶段的工作内容。

3. 施工招标过程中招标人和投标人的主要工作总结如下：

阶段	主要工作内容	
	招标人	投标人
招标准备	（1）将施工招标范围、招标方式、招标组织形式报项目审批、核准部门审批、核准。 （2）自行建立招标组织或招标代理机构。 （3）划分施工标段，确定合同类型。 （4）发布招标公告（及资格预审公告）或发出投标邀请函。 （5）编制标底或确定招标控制价。 （6）编制资格预审文件和招标文件	（1）组成投标小组。 （2）进行市场调查。 （3）准备投标资料。 （4）研究投标策略
资格审查与投标	（1）发售资格预审文件。 （2）分析评价资格预审材料。 （3）确定资格预审合格者。 （4）通知资格预审结果。 （5）发售招标文件。 （6）组织现场踏勘和标前会议。 （7）进行招标文件的澄清和补遗。 （8）接收投标文件（包括投标保函）	（1）购买资格预审文件。 （2）填报资格预审材料。 （3）回函收到资格预审结果。 （4）购买招标文件。 （5）参加现场踏勘和标前会议。 （6）对招标文件提出质疑。 （7）编制投标文件。 （8）递交投标文件（包括投标保函）

续表

阶段	主要工作内容	
	招标人	投标人
开标、评标与授标	(1) 组织开标会议。 (2) 投标文件初评。 (3) 要求投标人提交澄清资料（必要时）。 (4) 编写评标报告。 (5) 确定中标人。 (6) 发出中标通知书（退回未中标者的投标保函）。 (7) 进行合同谈判。 (8) 签订施工合同	(1) 参加开标会议 (2) 提交澄清资料（必要时） (3) 进行合同谈判。 (4) 提交履约保函。 (5) 签订施工合同

考点3 施工招投标文件组成

(题干)《〈标准施工招标资格预审文件〉和〈标准施工招标文件〉暂行规定》规定，投标文件的内容包括（**ABCDEFGHI**）。

A. 投标函及投标函附录

B. 联合体协议书

C. 投标保证金

D. 法定代表人身份证明或附有法定代表人身份证明的授权委托书

E. 已标价工程量清单

F. 施工组织设计

G. 项目管理机构

H. 拟分包项目情况表

I. 资格审查资料

J. 招标项目的技术要求

K. 对投标人资格审查的标准

L. 投标报价要求

M. 评标标准

N. 拟签订合同的主要条款

细说考点

本考点还可能考查的题目：

《招标投标法》规定，招标文件的内容包括（JKLMN）。

考点 4 《建设工程施工公司（示范文本）》中合同文件的优先顺序

(题干) 下列合同文件的内容不一致，根据《建设工程施工公司（示范文本）》，除专用合同条款另有约定外，最优解释合同文件为（A）。

A. 中标通知书
B. 投标函及投标函附录
C. 专用合同条款
D. 通用合同条款
E. 技术标准和要求
F. 图纸
G. 已标价工程量清单

> **细说考点**
>
> 1. 上述选项中解释合同文件的优先顺序为：A→B→C→D→E→F→G。
> 2. 《建设工程施工合同（示范文本）》中涉及合同价格和费用的主要条款以及争议解决的条款都是考核的要点。

考点 5 《建设工程施工合同（示范文本）》对暂停施工的规定

(题干) 关于施工承包合同中暂停施工的说法，正确的有（ABCDEFG）。

A. 因发包人原因引起暂停施工的，监理人经发包人同意后，应及时下达暂停施工指示

B. 因发包人原因引起的暂停施工，发包人应承担由此增加的费用和（或）延误的工期，并支付承包人合理的利润

C. 监理人认为有必要时，并经发包人批准后，可向承包人作出暂停施工的指示，承包人应按监理人指示暂停施工

D. 因紧急情况需暂停施工，且监理人未及时下达暂停施工指示的，承包人可先暂停施工，并及时通知监理人

E. 监理人发出暂停施工指示后56d内未向承包人发出复工通知，除该项停工属于承包人原因引起的暂停施工及不可抗力约定的情形外，承包人可向发包人提交书面通知

F. 承包人暂停施工持续84d以上不复工的，且不属于相关约定的情形，并影响到整个工程以及合同目的实现的，承包人有权提出价格调整要求，或者解除合同

G. 暂停施工期间，承包人应负责妥善照管工程并提供安全保障，由此增加的费用由责任方承担

> **细说考点**
>
> 1. 暂停施工的规定主要以"判断正确与错误说法"的综合题型考查。
> 2. 掌握紧急情况下的暂停施工、暂停施工后的复工、暂停施工持续56d以上的处理办法。

考点6 《建设工程施工合同（示范文本）》对隐蔽工程检查的规定

（题干） 关于施工承包合同中对隐蔽工程检查的说法，正确的有（**ABCDEFG**）。

A. 承包人应当对工程隐蔽部位进行自检，并经自检确认是否具备覆盖条件

B. 除专用合同条款另有约定外，工程隐蔽部位经承包人自检确认具备覆盖条件的，承包人应在共同检查前48h书面通知监理人检查

C. 监理人应按时到场并对隐蔽工程及其施工工艺、材料和工程设备进行检查

D. 经监理人检查确认质量符合隐蔽要求，并在验收记录上签字后，承包人才能进行覆盖

E. 监理人未按时进行隐蔽工程检查，也未提出延期要求的，视为隐蔽工程检查合格

F. 监理人对隐蔽工程重新检查，经检验证明工程质量符合合同要求的，发包人应补偿承包人工期、费用和利润

G. 承包人未通知监理人到场检查，私自将工程隐蔽部位覆盖的，监理人有权指示承包人钻孔探测或揭开检查，无论工程隐蔽部位质量是否合格，由此增加的费用和（或）延误的工期均由承包人承担

> **细说考点**
>
> B、E、F、G选项均可以单项选择题形式考查。B选项的采分点是"48h"，E选项的采分点是"视为隐蔽工程检查合格"，F选项的采分点是"发包人""工期、费用和利润"，G选项的采分点是"承包人"。

考点7 《建设工程施工合同（示范文本）》发包人与承包人责任与义务的规定

（题干） 根据《建设工程施工合同（示范文本）》，关于发包人责任和义务的说法，正确的有（**ABCDEFGHI**）。

A. 根据合同工程的施工需要，负责办理取得出入施工场地的专用和临时道路的通行权

B. 通过监理人向承包人提供测量基准点、基准线和水准点及其书面资料

C. 支付合同价款

D. 保证向承包人提供正常施工所需要的进入施工现场的交通条件

E. 发出开工通知

F. 提供施工场地

G. 协助承包人办理证件和批件

H. 组织设计交底

I. 组织竣工验收

J. 负责施工场地及其周边环境与生态的保护工作

K. 按约定完成施工，并在保修期内承担保修义务

L. 对所有施工作业和施工方法的完备性和安全可靠性负责

> **细说考点**
> 1. 本考点还可能考查的题目：
> 根据《建设工程施工合同（示范文本）》，关于承包人责任和义务的说法，正确的有（JKL）。
> 2. 该考点在考试中一般以单项选择题的形式考查。常考题型是：题干中给出工作内容，要求判断属于谁的责任或义务。

考点 8　工程量清单的编制依据

（题干） 下列内容中，属于招标工程量清单编制依据的有（ABCDEFGH）。

A. 工程量清单计价规范

B. 专业工程计量规范

C. 建设工程设计文件

D. 与建设工程有关的标准、规范、技术资料

E. 拟定的招标文件

F. 施工现场情况

G. 地勘水文资料

H. 工程特点及常规施工方案

> **细说考点**
> 针对该考点，单项选择题和多项选择题都有可能考查到。

考点 9　工程量清单编制的准备工作

（题干） 为编制招标工程量清单，在拟定常规的施工组织设计时，正确的做法是（ABCDEFG）。

A. 根据概算指标或类似工程估算整体工程量时，仅对主要项目加以估算

B. 拟定施工总方案时只需对重大问题和关键工艺作原则性的规定，不需考虑施工步骤

C. 确定施工顺序时，应考虑当地的气候条件和水文要求

D. 在满足工期要求的前提下，施工进度计划应尽量提前

E. 编制施工进度计划时要处理好工程中各分部、分项、单位工程之间的关系

F. 在计算人、才、机资源需要量时，应考虑节假日、气候的影响

G. 施工平面的布置，要对施工现场的道路交通、材料仓库、临时设施等做出合理的规划布置

> **细说考点**
>
> 1.招标工程量清单编制的准备工作包括初步研究、现场踏勘和拟定常规施工组织设计。考点主要集中在拟定常规施工组织设计内容。选项A、B还可能以单项选择题考查,采分点分别为主要项目加以估算、重大问题和关键工作原则性规定。
>
> 2.针对B选项可能设置的干扰选项是"拟定施工总方案时需要考虑施工步骤"。
>
> 3.针对D选项中"尽量提前"可能设置的干扰选项是"尽量推后"。

考点10 分部分项工程项目清单的编制

(题干)关于分部分项工程项目清单的编制,下列说法中正确的有(ABCDEFGHIJK)。

A.招标人负责项目编码、项目名称、项目特征、计量单位和工程量在内五项的填写

B.同一招标工程的项目编码不得有重码

C.项目名称应按专业工程量计算规范附录的项目名称,结合拟建工程的实际确定

D.在分部分项工程量清单中所列出的项目,应是在单位工程的施工过程中以其本身构成该单位工程实体的分项工程

E.项目特征应按专业工程量计算规范附录的规定,结合拟建工程实际进行描述

F.项目特征描述应满足确定综合单价的需要

G.对于采用标准图集的项目,可直接描述为"详见××图集或××图号"

H.当清单计价规范附录中有两个计量单位时,应结合实际情况选择其中一个

I.工程量计算应按一定顺序依次进行

J.工程量计算应按图纸进行

K.工程量计算口径一致

> **细说考点**
>
> 1.针对A选项,在设置干扰选项时会少写五项内容中的某一项。比如"招标人负责项目编码、项目名称、项目特征和计量单位在内四项的填写"。
>
> 2.项目特征描述是一个很好的命题点,判断正确与错误说法是常考题型。

考点11 其他项目清单的编制

(题干)关于其他项目清单的编制,下列说法中正确的有(ABCDEFGH)。

A.工程的复杂程度、发包人对工程管理的要求对其他项目清单的内容会有直接影响

B.暂列金额可以只列总额,但不同专业预留的暂列金额应分别列项

C.暂列金额用于可能要发生但暂时不能确定价格的项目

D.暂列金额由招标人支配,实际发生后才得以支付

E. 材料、工程设备暂估价需纳入分部分项工程项目综合单价中

F. 专业工程暂估价应当包括除规费、税金以外的管理费、利润

G. 在编制计日工表格时，一定要给出暂定数额

H. 招标人应当按照投标人的投标报价支付总承包服务费

细说考点

1. 针对 A 选项，应了解工程建设标准的高低、工程的复杂程度、工程的工期长短、工程的组成内容、发包人对工程管理的要求等都直接影响到其他项目清单的具体内容。

2. 如果将 C 选项改为"暂列金额用于必须要发生但暂时不能确定价格的项目"就是错误选项。用于必然要发生但不能确定价格的是暂估价。暂列金额与暂估价的概念在考试中经常作为相互干扰选项出现，切记不要混淆。

3. 针对 E 选项还可以"下列费用项目中需纳入分部分项工程项目综合单价中的是（　　）"的形式考查。

4. 列入其他项目清单的有暂列金额、暂估价、计日工、总承包服务费。

考点 12　编制最高投标限价的规定

（题干）关于最高投标限价的相关规定，下列说法中正确的是（ABCDEFGHIJ）。

A. 招标人应当拒绝高于最高投标限价的投标报价

B. 投标人的投标报价若超过公布的最高投标限价，则其投标作为废标处理

C. 招标控制价应由具有编制能力的招标人或受其委托、具有相应资质的工程造价咨询人编制

D. 最高投标限价应在招标文件中公布，对所编制的最高投标限价不得进行上浮或下调

E. 在公布最高投标限价时，除公布最高投标限价的总价外，还应公布各单位工程的分部分项工程费、措施项目费、其他项目费、规费和税金

F. 最高投标限价超过批准的概算时，招标人应将其报原概算审批部门审核

G. 国有资金投资的工程原则上不能超过批准的设计概算

H. 投标人经复核认为招标人公布的最高投标限价未按照工程量清单计价规范规定进行编制的，应在最高投标限价公布后 5d 内向招标投标监督机构和工程造价管理机构投诉

I. 当最高投标限价复查结论与原公布的最高投标限价误差大于 ±3% 时，应责成招标人改正

J. 当重新公布最高投标限价时，若重新公布之日起至原投标截止期不足 15d，应延长投标截止期

细说考点

1. 该考点作为考试的重点内容，常以"判断正确与错误说法"的题型出现。以下是可能会设置的干扰选项：

（1）招标人不得拒绝高于最高投标限价的投标报价。

（2）最高投标限价必须公布其总价而不得公布各组成部分的详细内容。

（3）当重新公布最高投标限价时，原投标截止期不变。

（4）最高投标限价可以在公布后上调或下浮。

2. 针对C选项，还可以"建设工程项目最高投标限价的编制主体是（　　）"的形式进行考查。

3. H、I、J选项作为一句话考点，都有可能考查对数字的掌握。

4. 有关编制最高投标限价时的注意事项，主要以"判断正确与否"的题型出现，可能考核的知识整理如下：

（1）采用的材料价格应是工程造价管理机构通过工程造价信息发布的材料价格，工程造价信息未发布材料单价的材料，其材料价格应通过市场调查确定。

（2）未采用工程造价管理机构发布的工程造价信息时，需在招标文件或答疑补充文件中对招标控制价采用的与造价信息不一致的市场价格予以说明。

（3）施工机械设备的选型直接关系到综合单价水平，应根据工程项目特点和施工条件，本着经济实用、先进高效的原则确定。

（4）应该正确、全面地使用行业和地方的计价定额与相关文件。

（5）不可竞争的措施项目和规费、税金等费用的计算均属于强制性的条款，编制招标控制价时应按国家有关规定计算。

（6）不同工程项目、不同施工单位会有不同的施工组织方法，所发生的措施费也会有所不同。

（7）对于竞争性的措施费用的确定，招标人应首先编制常规的施工组织设计或施工方案。

考点13　最高投标限价的编制内容

（题干）根据《建设工程工程量清单计价规范》GB 50500—2013，招标人仅要求对分包的专业工程进行总承包管理和协调时，总承包服务费按分包的专业工程估算造价的（B）计算。

A. 1%　　　　　　　　　　　　B. 1.5%

C. 3%～5%　　　　　　　　　　D. 5%～10%

细说考点

1. 采分点主要集中在分部分项工程费的编制和其他项目费的编制。

2. 本考点还可能考查的题目如下：

（1）暂列金额一般按分部分项工程费的一定比率参考计算，这一比率的范围是（D）。

(2) 招标人要求对分包的专业工程进行总承包管理和协调，并同时要求提供配合服务时，根据招标文件中列出的配合服务内容和提出的要求，按分包的专业工程估算造价的（C）计算。

(3) 招标人自行供应材料的，总承包服务费按招标人供应材料价值的（A）计算。

3.关于该考点还需要掌握以下知识点：

(1) 施工招标工程量清单中，应由投标人自主报价的其他项目有计日工、总承包服务费。

(2) 综合单价组价工作程序：①确定所组价定额项目名称；②计算组价定额项目工程量；③确定人工、材料、机具台班单价；④计算组价定额项目的合价；⑤除以工程量清单项目工程量。

(3) 综合单价中应考虑的风险因素包括：①项目技术难度较大；②项目管理复杂；③工程设备、材料价格的市场风险。在这里需要注意的是：法律法规、政策变化的风险和人工单价的风险不应纳入综合单价。

(4) 分部分项工程项目综合单价中包括应由投标人承担的风险费用。在此可能会将"投标人"设置为"招标人"作为干扰选项出现。

(5) 措施项目费应按招标文件中提供的措施项目清单确定，措施项目费中的安全文明施工费不得作为竞争性费用。

考点14 投标报价的编制流程

（题干）施工项目投标报价的工作包括：①收集投标信息；②选择报价策略；③组建投标班子；④确定基础标价；⑤确定投标标价；⑥研究招标文件。以上工作正确的先后顺序是（**B**）。

A. ⑥①③②④⑤ 　　　　　　　　　B. ③⑥①④②⑤
C. ③①⑥②④⑤ 　　　　　　　　　D. ⑥③①④②⑤
E. ⑥④③①②⑤ 　　　　　　　　　F. ③①⑥②④⑤

细说考点

1.投标报价编制流程图分为三阶段：一是前期工作；二是调查询价；三是报价编制。区分这三个阶段中的工作内容才能准确判断工作流程。

2.在考查时，关于投标报价流程图给出的工作内容有多有少，经常会考查的有：前期工作中的获取招标文件、组建投标报价班子、研究招标文件、调查工程现场；调查询价中的收集投标信息、复核工程量；报价编制中的确定基础报价、选择报价策略、确定投标报价、编制投标文件。

3. 关于投标报价编制流程的具体内容，也是经常会考查的。以下是常考查的知识点：

前期工作	研究招标文件	投标人须知	特别注意项目的资金来源、投标书的编制和递交、投标保证金、更改或备选方案、评标方法
		合同分析	（1）背景分析。 （2）形式分析：承包方式、计价方式。 （3）条款分析
		技术标准和要求分析	
		图纸分析	
	调查工程现场	自然条件调查、施工条件调查、其他条件调查	
调查询价	询价	渠道	（1）直接与生产厂商联系。 （2）了解生产厂商的代理人或从事该项业务的经纪人。 （3）了解销售商。 （4）向咨询公司进行询价。 （5）互联网查询。 （6）自行进行市场调查或信函询价
		生产要素询价	（1）材料询价。 （2）施工机具询价。 （3）劳务询价：成建制的劳务公司；劳务市场招募零散劳动力
		分包询价	
		作用	（1）决定报价尺度。 （2）采取合适的施工方法。 （3）选择适用、经济的施工机具设备。 （4）选择投入使用相应的劳动力数量
	复核工程量	注意事项	（1）按一定顺序计算主要清单工程量，复核工程量清单。注意避免漏算或重算。 （2）即使有误，投标人也不能修改工程量清单中的工程量。对存在的错误应由招标人统一修改并把修改情况通知所有投标人。 （3）针对工程量清单中工程量的遗漏或错误，是否向招标人提出修改意见取决于投标策略。 （4）通过工程量计算复核还能准确地确定订货及采购物资的数量，防止由于超量或少购等带来的浪费、积压或停工待料

针对工程量复核的内容一般以"判断正确与错误说法"的题型出现。命题形式举例：

投标人针对工程量清单中工程量的遗漏或错误，可以采取的正确做法是（C）。
A. 立即向招标人提出异议，要求招标人修改
B. 不向招标人提出异议，风险自留
C. 是否向招标人提出修改意见取决于投标策略
D. 等中标后，要求招标人按实调整

考点 15　投标报价的编制原则

（题干） 关于工程量清单计价规范下施工企业投标报价原则的说法，正确的有（ABCDEF）。

A. 投标报价由投标人自主确定，但必须执行工程量清单计价规范的强制性规定
B. 投标报价不得低于工程成本
C. 投标人应该以施工方案、技术措施等作为投标报价计算的基本条件
D. 确定投标报价时需要考虑发承包模式
E. 投标报价要以招标文件中设定的发承包双方责任划分作为基础
F. 报价计算方法要科学严谨，简明适用

细说考点

这部分内容如果考查的话，只会以"判断正确与错误说法"的题型出现。考查多项选择题的概率更大。

考点 16　投标报价的编制依据

（题干） 根据《建设工程工程量清单计价规范》GB 50500—2013 规定，投标报价的编制依据有（ABCDEFGHIJKLMN）。

A. 专业工程量计算规范
B. 国家或省级、行业建设主管部门颁发的计价办法
C. 国家或省级、行业建设主管部门颁发的计价定额
D. 建设工程设计文件及相关资料
E. 招标文件
F. 招标工程量清单
G. 企业定额
H. 施工现场情况
I. 工程特点

110

J. 投标时拟定的施工组织设计

K. 施工方案

L. 与建设项目相关的标准、规范等技术资料

M. 市场价格信息

N. 工程造价管理机构发布的工程造价信息

> **细说考点**
>
> 该考点是典型的多项选择题考点，注意与招标控制价的编制依据区分。

考点17 分部分项工程和措施项目清单与计价表的编制

(题干) 关于分部分项工程和单价措施项目清单与计价表的编制，说法正确的有（ABCDEFGHI）。

A. 以项目特征描述为依据确定综合单价

B. 招标工程量清单特征描述与设计图纸不符时，应以招标工程量清单的项目特征描述为准，确定综合单价

C. 投标过程中，施工图纸或设计变更与招标工程量清单项目特征描述不一致时，应按实际施工的项目特征确定综合单价

D. 招标文件中在其他项目清单中提供了暂估单价的材料和工程设备，应按其暂估的单价计入清单项目的综合单价中

E. 招标文件中要求投标人承担的风险费用，投标人应考虑计入综合单价

F. 当出现的风险内容及幅度在招标文件规定的范围内时，综合单价不变

G. 综合单价的计算基础主要包括消耗量指标和生产要素单价

H. 综合单价计算时应采用企业定额

I. 分部分项工程清单综合单价包括完成一个规定清单项目所需的人工费、材料和工程设备费、施工机具使用费、企业管理费、利润，并考虑风险费用的分摊

> **细说考点**
>
> 1. B选项作为一句话考点，还可以"根据《建设工程工程量清单计价规范》GB 50500—2013，投标人在确定分项工程的综合单价时，若出现某招标工程量清单项目特征描述与设计图纸不符，应以（　　）为准"的形式考查。对于典型的一句话考点应做到烂熟于心。
>
> 2. C选项，还可以"投标过程中，施工图纸或设计变更与招标工程量清单项目特征描述不一致时，应按（　　）确定综合单价"的形式考查。
>
> 3. H选项，还可以"根据《建设工程工程量清单计价规范》GB 50500—2013，分部分项工程清单综合单价应包含（　　）以及一定范围内的风险费用"的形式考查。

4. 关于分部分项工程综合单价确定的步骤，还可能考查的题目：

工程量清单计价模式下，确定分部分项工程单价的工作包括：①分析各清单项目的工程内容；②确定计算基础；③计算人工、材料、施工机具使用费；④计算工程内容的工程数量与清单单位含量；⑤计算综合单价。对上述工作先后顺序的排列，正确的是（B）。

A. ①②④⑤③
B. ②①④③⑤
C. ①②④③⑤
D. ②①③④⑤

5. 还可能会考查的知识点如下：

（1）市场价格波动导致材料费用发生变化时，承包人承担5%以内的价格风险。

（2）市场价格波动导致施工机具使用费发生变化时，承包人承担10%以内的价格风险。

（3）法律法规变化导致人工费发生变化，应由省级、行业建设行政主管部门发布政策性调整，承包人不承担风险。

（4）由政府定价或政府指导价管理的原材料等价格进行了调整，承包人不承担风险。

（5）承包人的管理费风险，由承包人全部承担。

（6）承包人的利润风险，由承包人全部承担。

（7）对于不能精确计量的措施项目，应编制总价措施项目清单与计价表。

（8）措施项目的内容应依据招标人提供的措施项目清单和投标人投标时拟定的施工组织设计或施工方案确定。

考点18 其他项目清单与计价表的编制

（题干）根据《建设工程工程量清单计价规范》GB 50500—2013，投标人对其他项目费投标报价时，下列做法正确的有（ABCDEF）。

A. 暂列金额应按照招标人提供的其他项目清单中列出的金额填写，不得变动

B. 材料、工程设备暂估价必须按照招标人提供的暂估单价计入清单项目的综合单价

C. 专业工程暂估价必须按照招标人提供的其他项目清单中列出的金额填写

D. 材料、工程设备暂估单价和专业工程暂估价均由招标人提供，为暂估价格

E. 计日工应按照招标人提供的其他项目清单列出的项目和估算的数量，自主确定各项综合单价并计算费用

F. 总承包服务费应根据招标人在招标文件中列出的分包专业工程内容和供应材料、设备情况，按照招标人提出的协调、配合和服务项目自主报价

细说考点

1. 从近几年考试情况来看，该考点是典型的单项选择题考点，采分点主要集中在报价方式的考查。

2. 还可能会作为选项出现的采分点如下：
(1) 规费和税金具有强制性，不得作为竞争性费用。
(2) 投标人对投标报价的任何优惠均应反映在相应清单项目的综合单价中。
(3) 投标人在进行工程量清单招标的投标报价时，不能进行投标总价优惠（或降价、让利）。

3. 考点14～考点18介绍的都是关于投标报价编制的相关内容，在考试时很有可能以综合题形式对考点14～考点18的内容进行一个整体的考查。如果掌握了这几个考点的采分点，此类题也就没有难度了。

考点19　投标文件的编制与递交

（题干）关于投标文件的编制与递交，下列说法中正确的有（ABCDEFGHIJ）。

A. 投标函附录在满足招标文件实质性要求的基础上，可提出比招标文件要求更有利于招标人的承诺

B. 投标文件应当对招标文件有关工期、投标有效期、质量要求、技术标准和要求、招标范围等实质性内容作出响应

C. 投标文件应由投标人的法定代表人或其委托代理人签字和单位盖章

D. 当投标文件的正本与副本不一致时，以正本为准

E. 允许投标人递交备选投标方案的，只有中标人所递交的备选投标方案方可予以考虑

F. 在开标前任何单位和个人不得开启投标文件

G. 在要求提交投标文件的截止时间后送达的投标文件为无效的投标文件

H. 投标文件的正本与副本应分开包装，加贴封条，并在封套上清楚标记"正本"或"副本"字样，于封口处加盖投标人单位章

I. 在规定的投标截止时间前，投标人可以修改或撤回已递交的投标文件，但应以书面形式通知招标人

J. 在招标文件规定的投标有效期内，投标人不得要求撤销或修改其投标文件

细说考点

1. 针对B选项，还可以"投标文件应当对招标文件作出实质性响应的内容有（　　）"的形式进行考查。

2. 投标保证金不予退还的情形应掌握。关于投标保证金的相关规定经常出现在考题中，可能涉及到的采分点以例题方式体现：

关于投标保证金，下列说法中正确的有（ABCDEFGH）。

A. 投标保证金可以是现金、银行出具的银行保函、保兑支票、银行汇票或现金支票

B. 投标保证金的数额不得超过投标总价的2%，且最高不超过80万元

C. 依法必须进行招标的项目的境内投标单位，以现金或者支票形式提交的投标保证金应当从其基本账户转出

D. 投标人不按要求提交投标保证金的，其投标文件应被否决

E. 投标人在规定的投标有效期内撤销或修改其投标文件的，投标保证金不予返还

F. 中标人在收到中标通知书后，无正当理由拒签合同协议书或未按招标文件规定提交履约担保的，投标保证金不予返还

G. 投标保证金的有效期应与投标有效期保持一致

H. 投标人拒绝延长投标有效期的，其投标失效，但投标人有权收回其投标保证金

3. 投标保证金的数额也是计算题的考点，解答时要注意"最高不超过 80 万元"这个条件。如果计算出的投标保证金大于 80 万元，在选择答案的时候依然要选 80 万元。

4. 关于投标有效期的知识点：

(1) 一般项目投标有效期为 60～90d，大型项目 120d 左右。

(2) 投标有效期从投标截止时间起开始计算。

(3) 投标有效期的确定一般应考虑的因素有：

① 组织评标委员会完成评标需要的时间；

② 确定中标人需要的时间；

③ 签订合同需要的时间。

第七章
工程施工和竣工阶段造价管理

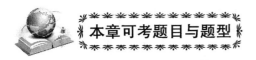

考点1　工程施工成本管理方法

(题干) 下列方法中，可用于编制工程项目成本计划的是（ABCD）。

A. 目标利润法

B. 技术进步法

C. 按实计算法

D. 定率估算法

E. 成本分析表法

F. 工期-成本同步分析法

G. 赢得值分析法

H. 价值工程方法

I. 表格核算法

J. 会计核算法

K. 比较法

L. 因素分析法

M. 差额计算法

N. 比率法

O. 实际成本与预算成本的偏差

P. 实际成本与目标成本的偏差

Q. 项目施工成本降低率

R. 项目施工成本降低额

S. 项目经理责任目标总成本降低额和降低率

T. 施工责任目标成本实际降低额和降低率

U. 施工计划成本实际降低额和降低率

V. 平均年限法

W. 工作量法

X. 双倍余额递减法

Y. 年数总和法

115

细说考点

1. 本考点还可能考查的题目如下：
(1) 成本控制的方法包括（EFGH）。
(2) 成本核算的方法包括（IJ）。
(3) 下列方法中，可用于施工成本分析的是（KLMN）。
(4) 分部分项工程成本分析中，"三算对比"主要是进行（OP）的对比。
(5) 属于施工企业对项目成本考核的是（QR）。
(6) 施工成本管理中，企业对项目经理部可控责任成本进行考核的指标有（STU）。
(7) 折旧额在各个使用年（月）份都是相等的折旧方法是（V）。
(8) 适用于各种时期使用程度不同的专业机械或设备的折旧方法是（W）。
(9) 下列方法中，属于加速折旧方法的有（XY）。
(10) 各年折旧基数不变但折旧率逐年递减的固定资产折旧方法是（Y）。

2. 关于因素分析法还可能会以计算题的形式进行考核：

某工程计划外购商品混凝土 $3000m^3$，计划单价 420 元/m^3；实际采购 $3100m^3$，实际单价 450 元/m^3，则由于采购量增加而使外购商品混凝土成本增加（A）万元。

A. 4.2   B. 4.5
C. 9.0   D. 9.3

分析 由于采购量增加而使外购商品混凝土成本增加金融=（3100－3000）×420＝42000（元）＝4.2（万元）。

3. 关于分部分项工程成本分析，应掌握以下知识点：
(1) 分部（分项）工程成本分析是施工项目成本分析的基础。
(2) 分部（分项）工程成本分析的对象为已完成分部分项工程。
(3) 分部（分项）工程成本分析的方法是进行预算成本、目标成本和实际成本的"三算"对比。
(4) 没有必要对每一个分部（分项）工程都进行成本分析。
(5) 对主要分部（分项）工程要做到从开工到竣工进行系统的成本分析。
(6) 分部（分项）工程成本分析的资料来源：预算成本是以施工图和定额为依据编制的施工图预算成本，目标成本为分解到该分部分项工程上的计划成本，实际成本来自施工任务单的实际工程量、实耗人工和限额领料单的实耗材料。

4. 进行施工成本对比分析时，可采用的对比方式有本期实际值与目标值对比、本期实际值与上期实际值对比、本期实际值与行业先进水平对比。

考点 2　施工成本管理的四个措施

（题干）下列施工成本管理的措施中，属于组织措施的有（ABCDEFG）。

A. 实行项目经理责任制
B. 落实施工成本管理的组织机构和人员
C. 明确各级施工成本管理人员的任务和职能分工、权利和责任
D. 编制施工成本控制工作计划
E. 确定合理详细的工作流程
F. 控制活劳动和物化劳动的消耗
G. 加强施工调度
H. 技术经济分析，确定最佳的施工方案
I. 采用改变配合比、使用添加剂等方法降低材料消耗费用
J. 确定最合适的施工机械、设备使用方案
K. 先进的施工技术的应用
L. 编制资金使用计划，严格控制各项开支
M. 及时做好增减账，及时落实业主签证
N. 及时结算工程款
O. 通过偏差分析找出成本超支潜在问题
P. 选用合适的合同结构
Q. 仔细考虑合同条款中一切影响成本和效益的因素

细说考点

1. 本考点还可能考查的题目如下：
(1) 下列施工成本管理的措施中，属于技术措施的有（HIJK）。
(2) 下列施工成本管理的措施中，属于经济措施的有（LMNO）。
(3) 下列施工成本管理的措施中，属于合同措施的有（PQ）。

2. 施工成本管理四个措施的考查形式是以其他措施作为干扰项，备考复习时需要重点关注各措施叙述的具体内容。

3. 施工成本管理的措施，在复习时可以这样记：技术措施是跟技术、方法、方案有关的；经济措施是跟钱有关的；合同措施是跟合同结构、风险因素有关的；组织措施是关于组织、计划、流程方面的。

考点3　施工成本核算

(题干) 下列方法中，将固定资产按预计使用年限平均计算折旧均衡地分摊到各期的方法是（ABCDE）。

A. 年限平均法
B. 行驶里程法
C. 工作台班法
D. 双倍余额递减法
E. 年数总和法

细说考点

1. 本考点还可能考查的题目如下：

(1) 下列方法中，适用于车辆、船舶等运输设备计提折旧的方法是（B）。

(2) 下列方法中，适用于机器、设备等计提折旧的方法是（C）。

(3) 在不考虑固定资产预计净残值的情况下，根据每年年初固定资产净值和双倍直线法折旧率计算固定资产折旧额的方法是（D）。

(4) 固定资产账面余额随着折旧的计提逐年减少，而折旧率不变的方法是（D）。

(5) 将固定资产的原值减去净残值后的净额乘以一个逐年递减的分数计算每年折旧额的方法是（E）。

(6) 在固定资产使用前期提取较多的折旧，而在使用后期提取较少的折旧，适合采用的折旧方法有（DE）。

(7) 下列固定资产折旧方法中，属于加速折旧方法的有（DE）。

2. 该考点还可能考查折旧费的计算：

某施工企业购入一台施工机械，原价80000元，预计残值率4%，使用年限10年，按平均年限法计提折旧，该设备每年应计提的折旧额为（C）元。

A. 640 B. 666.67
C. 7680 D. 8000
E. 8320 F. 9600

分析

该设备每年应计提的折旧额 = $\dfrac{\text{固定资产应计折旧额}}{\text{固定资产预计使用年限}} = \dfrac{80000 \times (1-4\%)}{10} = 7680$（元）。

若上述数据不变，则该设备每月应计提的折旧额为（A）元。

考点4 赢得值法的三个基本参数及四个评价指标

（题干）某工程项目截至8月末的有关费用数据为：BCWP为980万元，BCWS为820万元，ACWP为1050万元，则其SV为（B）万元。

A. -160 B. 160
C. 70 D. -70

细说考点

1. 本题直接套用公式计算即可。SV = BCWP - BCWS = 980 - 820 = 160万元；如果是求CV，则CV = BCWP - ACWP = 980 - 1050 = -70万元。

2. 赢得值法的三个基本参数及四个评价指标深受命题者的关注，其计算公式务必

要牢记。赢得值法的考查以单项选择题为主,而且常考计算题。题目练习如下:

(1) 某分项工程某月计划工程量为 3200m²,计划单价为 15 元/m²,月底核定承包商实际完成工程量为 2800m²,实际单价为 20 元/m²,则该工程的已完工作实际费用(ACWP)为(A)元。

A. 56000　　　　　　　　　　　　B. 42000
C. 48000　　　　　　　　　　　　D. 64000

(2) 某钢门窗安装工程,工程进行到第 2 个月末时,已完工作预算费用为 40 万元,已完工作实际费用为 45 万元,则该项目的成本控制效果是(A)。

A. 费用偏差为 -5 万元,项目运行超出预算
B. 费用偏差为 5 万元,项目运行节支
C. 费用偏差为 5 万元,项目运行超出预算
D. 费用偏差为 -5 万元,项目运行节支

(3) 某桩基工程承包合同约定:工程桩 180 根,单价为 1.4 万元/根;经确认,承包商实际完成的工程桩 160 根,实际单价为 1.6 万元/根。该打桩工程的已完工作实际费用(ACWP)、计划工作预算费用(BCWS)和已完工作预算费用(BCWP)的关系可表示为(C)。

A. BCWP＞ACWP＞BCWS　　　　　B. BCWS＞BCWP＞ACWP
C. ACWP＞BCWS＞BCWP　　　　　D. BCWS＞ACWP＞BCWP

(4) 某分部分项工程预算单价为 300 元/m³,计划 1 个月完成工程量 100m³;实际施工中用了 2 个月(匀速)完成工程量 160m³,由于材料费上涨导致实际单价为 330 元/m³,则该分部分项工程的费用偏差为(B)元。

A. 4800　　　　　　　　　　　　B. -4800
C. 18000　　　　　　　　　　　　D. -18000

(5) 某工程某月计划完成工程桩 100 根,计划单价为 1.3 万元/根;实际完成工程桩 110 根,实际单价为 1.4 万元/根,则费用偏差(CV)为(A)万元。

A. -11　　　　　　　　　　　　B. 11
C. 13　　　　　　　　　　　　　D. -13

(6) 某地下工程施工合同规定,3 月份计划开挖土方量 40000m³,合同单价为 90 元/m³;3 月份实际开挖土方量 38000m³,实际单价为 80 元/m³,则至 3 月底该工程的进度偏差为(C)万元。

A. 18　　　　　　　　　　　　　B. -16
C. -18　　　　　　　　　　　　D. 16

(7) 用赢得值法进行成本控制,其基本参数有(ABC)。

A. 已完工作预算费用　　　　　　B. 计划工作预算费用
C. 已完工作实际费用　　　　　　D. 计划工作实际费用
E. 费用绩效指数

(8) 某工程主要工作是混凝土浇筑，中标的综合单价是 400 元/m³，计划工程量是 8000m³。施工过程中因原材料价格提高使实际单价为 500 元/m³，实际完成并经监理工程师确认的工程量是 9000m³。若采用赢得值法进行综合分析，正确的结论有（ADE）。

A. 已完工作预算费用为 360 万元
B. 费用偏差为 90 万元，费用节省
C. 进度偏差为 40 万元，进度拖延
D. 已完工作实际费用为 450 万元
E. 计划工作预算费用为 320 万元

3. 关于赢得值（挣值）法要掌握以下内容：

项目		内容	
三个基本参数	已完工作预算费用	已完工作预算费用（BCWP）=已完成工作量×预算单价	最理想的状态：ACWP、BCWS、BCWP三条曲线靠得很近、平稳上升。如果三条曲线离散度不断增加，预示可能发生关系到项目成败的重大问题
	计划工作预算费用	计划工作预算费用（BCWS）=计划工作量×预算单价	
	已完工作实际费用	已完工作实际费用（ACWP）=已完成工作量×实际单价	
四个评价指标	费用偏差（CV）	CV=BCWP－ACWP CV 为负值时，表示项目运行超出预算费用；CV 为正值时，表示项目运行节支，实际费用没有超出预算费用	反映的是绝对偏差，仅适合于对同一项目作偏差分析
	进度偏差（SV）	SV=BCWP－BCWS SV 为负值时，表示进度延误，即实际进度落后于计划进度；SV 为正值时，表示进度提前，即实际进度快于计划进度	
	费用绩效指数（CPI）	CPI=BCWP/ACWP CPI<1 时，表示超支，即实际费用高于预算费用 CPI>1 时，表示节支，即实际费用低于预算费用	反映的是相对偏差，在同一项目和不同项目比较中均可采用
	进度绩效指数（SPI）	SPI=BCWP/BCWS SPI<1 时，表示进度延误，即实际进度比计划进度拖后 SPI>1 时，表示进度提前，即实际进度比计划进度快	
意义		在项目的费用、进度综合控制中引入赢得值法，可以克服过去进度、费用分开控制的缺点。赢得值法可定量地判断进度、费用的执行效果	

考点 5　偏差产生的原因及控制措施

(题干) 在工程费用监控过程中,明确费用控制人员的任务和职责分工,改善费用控制工作流程等措施,属于费用偏差纠正的 (**D**)。

A. 合同措施　　　　　　　　　　B. 技术措施
C. 经济措施　　　　　　　　　　D. 组织措施

细说考点

1. 还可能会作为考题的题目:

(1) 在工程费用监控过程中,检查费用目标分解是否合理,检查资金使用计划有无保障、是否与进度计划发生冲突、工程变更有无必要等措施,属于费用偏差纠正的 (**C**)。

(2) 在工程费用监控过程中,制定合理的技术方案,进行技术分析,针对偏差进行技术改正等措施,属于费用偏差纠正的 (**B**)。

(3) 在工程费用监控过程中,认真审查有关索赔依据是否符合合同规定,索赔计算是否合理等措施,属于费用偏差纠正的 (**A**)。

2. 费用偏差产生的原因包括客观原因、建设单位原因、设计原因、施工原因。具体内容见下表:

客观原因	建设单位原因	设计原因	施工原因
(1) 自然因素。 (2) 基础处理。 (3) 社会原因。 (4) 法规变化	(1) 增加内容。 (2) 投资规划不当。 (3) 组织不落实。 (4) 建设手续不全。 (5) 协调不佳。 (6) 未及时提供场地	(1) 设计错误。 (2) 设计漏项。 (3) 设计标准变化。 (4) 设计保守。 (5) 图纸提供不及时	(1) 施工方案不当。 (2) 材料代用。 (3) 施工质量有问题。 (4) 赶进度。 (5) 工程拖延

考点 6　工程变更的范围

(题干) 根据九部委发布的《标准施工招标文件》中的通用合同条款,合同履行中可以进行工程变更的情形有 (**ABCDEFG**)。

A. 增加或减少合同中的任何工作
B. 追加额外的工作
C. 取消合同中的任何工作,但转由他人实施的工作除外
D. 改变合同中任何工作的质量标准或其他特性
E. 改变工程的基线、标高、位置和尺寸
F. 改变工程的时间安排

G. 改变工程的实施顺序

> **细说考点**
>
> 注意 C 选项，可能设置的干扰选项是：取消合同中任何一项工作，被取消的工作转由其他人实施。

考点 7　工程变更的程序、责任分析与补偿

(题干) 关于工程变更的程序、责任分析与补偿的说法中，正确的是（ABCDEFGHIJ）。

A. 承包方、业主方、设计方根据工程实施的实际情况，可以根据需要提出工程变更

B. 承包商提出的工程变更，应该交予工程师审查并批准

C. 由设计方提出的工程变更应该与业主协商或经业主审查并批准

D. 业主方提出的工程变更，涉及设计修改的应该与设计单位协商

E. 工程师有发出工程变更的权力，在发出变更通知前一般应征得业主批准

F. 承包人应该无条件地执行工程变更的指示，工程师明显超越合同权限的除外

G. 由于业主要求、政府部门要求导致的设计修改，应该由业主承担责任

H. 由于环境变化、不可抗力、原设计错误等导致的设计修改，应该由业主承担责任

I. 由于承包人的施工过程、施工方案出现错误、疏忽而导致设计的修改，应该由承包人承担责任

J. 施工方案变更要经过工程师的批准

> **细说考点**
>
> 复习过程中，应注意不同主体导致的变更，责任由哪一方来承担。

考点 8　工程索赔管理

(题干) 关于工程索赔管理的说法中，正确的是（ABCDEFGHIJ）。

A. 施工承包单位应在知道或应当知道索赔事件发生后 28d 内，向监理人递交索赔意向通知书

B. 施工承包单位应在发出索赔意向通知书后 28d 内，向监理人正式递交索赔通知书

C. 在索赔事件影响结束后的 28d 内，施工承包单位应向监理人递交最终索赔通知书，说明最终要求索赔的追加付款金额和延长的工期，并附必要的记录和证明材料

D. 监理人应商定或确定追加的付款和（或）延长的工期，并在收到上述索赔通知书或有关索赔的进一步证明材料后的 42d 内，将索赔处理结果答复施工承包单位

E. 施工承包单位接受索赔处理结果的，建设单位应在作出索赔处理结果答复后 28d 内完成赔付

F. 下达错误指令，提供错误信息，建设单位或监理人协调工作不力等属于业主方（包括建设单位和监理人）违约导致的工程索赔

G. 材料价格和人工工日单价的大幅度上涨属于工程环境的变化导致的工程索赔

H. 业主要求提高设计标准属于合同变更导致的工程索赔

I. 建设单位指令增加、减少工作量，增加新的工程属于合同变更导致的工程索赔

J. 在工程实施过程中，由于建设单位或监理人没有尽到合同义务，导致索赔事件发生属于业主方（包括建设单位和监理人）违约导致的工程索赔

> **细说考点**
> 1. 还可能会作为考题的题目：
> 关于工程索赔处理程序的说法中，正确的是（ABCDE）。
> 2. 考生应对工程索赔产生的原因进行准确的掌握，能够区分某一原因的责任主体。

考点9　工程计量

（题干）关于施工中工程计量的说法，正确的有（ABCDEFGHIJ）。

A. 工程计量周期可选择按月或按工程形象进度分段计量

B. 应按合同文件中约定的方法进行计量

C. 应按承包人在履行合同义务过程中实际完成的工程量计算

D. 对于不符合合同文件要求的工程不予计量

E. 承包人超出施工图样范围或因承包人原因造成返工的工程量，不予计量

F. 施工过程中，可以作为工程量计量依据的资料有质量合格证书、《计量规范》、技术规范中的"计量支付"条款和设计图样

G. 单价合同工程量计量，当发现招标工程量清单中出现缺项、工程量偏差时，应按承包人在履行合同义务中完成的工程量计量

H. 单价合同工程量计量，因工程变更引起工程量增减时，应按承包人在履行合同义务中完成的工程量计量

I. 工程量计量时，监理人应在收到承包人提交的工程量报告后7d内完成对承包人提交的工程量报表的审核并报送发包人

J. 承包人未按监理人要求参加复核或抽样复测的，监理人复核或修正的工程量视为承包人实际完成的工程量

> **细说考点**
> 1. 该考点多以"判断正确与错误说法"的综合题型考查。
> 2. 掌握工程计量的方法：均摊法、凭据法、估价法、断面法、图样法、分解计量法。

考点 10　法规变化类合同价款调整

（题干） 因国家法律、法规、规章和政策发生变化可能会影响合同价款的风险，发承包双方应在合同中约定由发包人承担。下列有关对法规变化引起合同价款调整事项的说法正确的有（**ABCDE**）

A. 对于实行招标的建设工程，一般以施工招标文件中规定的提交投标文件的截止时间前的第 28d 作为基准日

B. 对于不实行招标的建设工程，一般以建设工程施工合同签订前的第 28d 作为基准日

C. 如果有关人工、材料和工程设备等价格的变化已经包含在物价波动事件的调价公式中，合同价款调整不予考虑

D. 承包人原因导致了工期延误，在延误期间遇国家法律、行政法规和相关政策发生变化引起工程造价变化的，合同价款调增的不予调整，合同价款调减的予以调整

E. 工程延误期间，因国家法律、行政法规发生变化引起工程造价变化的，不可抗力导致工程延误的，合同价款均应予调整

> **细说考点**
>
> 1. 选项 A、B 可能会设置的干扰选项：
> （1）针对"28"，可能会设置的干扰选项有"14""42"、"56"；
> （2）选项 A 中的"提交投标文件的截止时间前"会与选项 B 中的"施工合同签订前"互为干扰选项，也可能会设置"招标截止日前"、"中标通知书发出前"等干扰选项。
> 2. 如果对基准日的约定不好记忆的话，可以这样来理解：对于招标工程，提交了投标文件后就不可更改合同价款；对于不招标工程，签订合同后就不可更改合同价款。因此基准日就按"不可更改合同价款"时间点来约定。
> 3. 注意 C 选项，如果是"施工合同履行过程中，由于国家颁布有关政策在合同工程基准日之后，且引起工程造价发生变化，均需要调整合同价款"就是错误的。
> 4. 选项 E 可能会设置的干扰选项：
> （1）承包人导致的工程延误，合同价款均应予调整；
> （2）发包人导致的工程延误，合同价款均应予调整；
> （3）无论何种情况，合同价款均应予调整。

考点 11　工程变更类事项引起合同价款的调整

（题干） 根据《建设工程工程量清单计价规范》GB 50500—2013，关于合同价款的调整，下列说法中正确的有（**ABCDEFGHIJKLMN**）

A. 已标价工程量清单中有适用于变更工程项目的，且工程变更导致的该清单项目的工

程数量变化不足15%时，采用该项目的单价

B.已标价工程量清单中没有适用但有类似变更工程项目的，可在合理范围内参照类似项目的单价或总价调整

C.已标价的工程量清单中没有相同或类似的工程变更项目，由承包人提出变更工程项目的单价或总价，报发包人确认后调整

D.招标工程中，承包人的报价浮动率＝［(1－不含安全文明施工费的中标价)/不含安全文明施工费的招标控制价］×100%

E.非招标工程中，承包人的报价浮动率＝［(1－不含安全文明施工费的报价)/不含安全文明施工费的施工图预算］×100%

F.如果发包人提出的工程变更，非因承包人原因删减了合同中的某项原定工作或工程，也未被包含在任何替代的工作或工程中，则承包人有权提出并得到合理的费用及利润补偿

G.措施项目费中的安全文明施工费，按照实际发生变化的措施项目调整，不得浮动

H.采用单价计算的措施项目费，按照实际发生变化的措施项目，采用分部分项工程费的调整方法确定单价

I.按总价（或系数）计算的措施项目费，除安全文明施工费外，按照实际发生变化的措施项目调整，但应考虑承包人报价浮动因素

J.施工合同履行期间，由于招标工程量清单中分部分项工程出现缺项漏项，造成新增工程清单项目的，应按照工程变更事件中关于分部分项工程费的调整方法，调整合同价款

K.任一计日工项目实施结束，发承包双方按工程变更的有关规定商定计日工单价计算

L.由于工程变更、分部分项工程漏项或缺项、项目特征描述不符或应予计算的实际工程量与招标工程量清单出现偏差超过15%引起措施项目发生变化的，可以调整措施项目费

M.工程变更引起措施项目发生变化的，安全文明施工费按照实际发生变化的措施项目并依据国家和省级、行业建设主管部门的规定进行调整，不得作为竞争性费用

N.承包人提出调整措施项目费的，应事先将实施方案报发包人批准

细说考点

1.针对选项A，需要了解：对于任一招标工程量清单项目因工程变更或应予计算的实际工程量与招标工程量清单出现偏差等原因导致的工程量偏差超过15%时，对综合单价的调整原则为：当工程量增加15%以上时，其增加部分的工程量的综合单价应予调低；当工程量减少15%以上时，减少后剩余部分的工程量的综合单价应予调高。

2.采用选项A或B调整合同价款的前提是采用的材料、施工工艺和方法相同或相似，不增加关键线路的工作时间。

3.选项D和E，要注意是不含安全文明施工费的。另外，在考试中也有可能以计算题的形式出现。

4.如果是由于工程变更、项目特征描述不符、工程量清单缺项漏项引起工程造价增减变化的，应该按选项A、B、C、D、E、F的方法调整价款。

5. 要注意，措施项目费的调整方法与分部分项工程费的调整方法不完全相同。

6. 针对选项 N，要注意，不管是由于什么原因提出调整措施项目费，承包人都应事先将实施方案报发包人批准。

7. 关于工程量偏差对工程量清单项目综合单价的影响，解题思路如下：

(1) 某分项工程招标工程量清单数量为 4000m²，施工中由于设计变更调减为 3000m²，该项目招标控制价综合单价为 600 元/m²，投标报价为 450 元/m²。合同约定实际工程量与招标工程量偏差超过±15%时，综合单价以招标控制价为基础调整。若承包人报价浮动率为 10%，该分项工程费结算价为（A）万元。

A. 137.70 B. 155.25
C. 186.30 D. 207.00

分析 当工程量偏差项目出现承包人在工程量清单中填报的综合单价与发包人招标控制价相应清单项目的综合单价偏差超过 15% 时，工程量偏差项目综合单价的调整公式为：

① 当 $P_0 < P_2 \times (1-L) \times (1-15\%)$ 时，该类项目的综合单价：

$$P_1 \text{ 按照 } P_2 \times (1-L) \times (1-15\%) \text{ 调整}$$

② 当 $P_0 > P_2 \times (1+15\%)$ 时，该类项目的综合单价：

$$P_1 \text{ 按照 } P_2 \times (1+15\%) \text{ 调整}$$

③ $P_0 > P_2 \times (1-L) \times (1-15\%)$ 且 $P_0 < P_2 \times (1+15\%)$ 时，可不调整。

式中 P_0——承包人在工程量清单中填报的综合单价；

P_1——按照最终完成工程量重新调整后的综合单价；

P_2——发包人招标控制价相应项目的综合单价；

L——承包人报价浮动率。

本题中，由于 (4000－3000)/4000＝25%＞15%，因此，根据合同要求，需调整单价。将已知条件带入 $P_2 \times (1-L) \times (1-15\%) = 600 \times (1-10\%) \times (1-15\%) = 459$ 元＞450 元。因此，P_1 按照 $P_2 \times (1-L) \times (1-15\%)$ 进行调整，即 $P_1 = 459 \times 3000 = 1377000$ 元＝137.7（万元）。

(2) 采用清单计价的某分部分项工程，招标控制价的综合单价为 320 元，投标报价的综合单价为 265 元，该工程投标报价下浮率为 5%，结算时，该分部分项工程工程量比清单量增加了 18%，且合同未确定综合单价调整方法，则综合单价的处理方式是（D）。

A. 上浮 18% B. 下调 5%
C. 调整为 292.5 元 D. 可不调整

分析 将已知条件带入 $P_2 \times (1-L) \times (1-15\%) = 320 \times (1-5\%) \times (1-15\%) = 258.4$（元），投标报价的综合单价为 265 元＞258.4 元，故可不调整。

8. 当实际增加（或减少）的工程量超过清单工程量 15% 以上，且造成按系数或总价方式计价的措施项目发生变化的,应将综合单价调低(或调高),措施项目调增(或调减)。

9.有关计日工费用产生、确认和支付的内容,主要以"判断正确与否"的题型出现,可以考核的知识整理如下:

(1)发包人通知承包人以计日工方式实施的零星工作,承包人应予执行。

(2)计日工表的费用项目包括人工费、材料费、施工机具使用费、企业管理费和利润。

(3)采用计日工计价的任何一项变更工作,承包人均应在实施过程中提交报表和有关凭证送发包人复核。

(4)承包人应按照确认的计日工现场签证报告核实该类项目的工程数量和单价。

(5)已标价工程量清单中有该类计日工单价的,按该单价计算。

(6)已标价工程量清单中无某项计日工单价时,应按工程变更有关规定商定计日工单价。

(7)计日工价款应列入同期进度款支付。

(8)承包人应与进度款同期向发包人提交本期间所有计日工记录的签证汇总表。

(9)每个支付期末,承包人应向发包人提交本期间所有计日工记录的签证汇总表。

考点 12 采用价格指数调整价格差额

(题干)某工程施工合同约定采用价格指数法调整合同价款,各项费用权重及价格见下表。已知该工程 9 月份完成的合同价款为 3000 万元,则 9 月份合同价款调整金额为(D)万元。

各项费用权重及价格表

权重系数	人工	钢材	定值
	0.25	0.15	0.6
基准日价格	100 元/工日	4000 元/t	—
9 月份价格	110 元/工日	4200 元/t	—

A. 22.5　　　　　　　　　　B. 61.46
C. 75　　　　　　　　　　　D. 97.5

细说考点

1.套用价格调整公式,合同价款调整金额 $= 3000 \times [0.6 + (0.25 \times \frac{110}{100} + 0.15 \times \frac{4200}{4000}) - 1] = 97.5$(万元)。计算过程中要注意:约定的材料和设备的调整

幅度或范围，如无约定，则材料和设备单价变化超过5%时，超过部分才调整。

2. 如果在题目中明确了"约定采用价格指数及价格调整公式调整价格差额"，就可以直接套用该公式。这方面的题型如下：

(1) 其施工合同约定采用价格指数及价格调整公式调整价格差额。调价因素及有关数据见下表。某月完成进度款为1500万元，则该月应当支付给承包人的价格调整金额为（B）万元。

	人工	钢材	水泥	砂石料	施工机具使用费	定值
权重系数	0.10	0.10	0.15	0.15	0.20	0.30
基准日价格或指数	80元/日	100	110	120	115	—
现行价格或指数	90元/日	102	120	110	120	—

A. —30.30 B. 36.45
C. 112.50 D. 130.50

分析

$$\text{该月应当支付给承包人的价格调整金额} = 1500 \times \left[0.30 + \left(0.10 \times \frac{90}{80} + 0.10 \times \frac{102}{100} + 0.15 \times \frac{120}{110} + 0.15 \times \frac{110}{120} + 0.20 \times \frac{120}{115} \right) - 1 \right]$$
$$= 36.45 \text{（万元）}。$$

(2) 某建筑工程钢筋综合用量1000t。施工合同中约定，结算时对钢筋综合价格涨幅±5%以上部分依据造价处发布的基准价调整价格差额。承包人投标报价2400元/t，投标期、施工期造价管理机构发布的钢筋综合基准价格分别为2500元/t、2800元/t，则需调增钢筋材料费用为（A）万元。

A. 17.5 B. 28.0
C. 30.0 D. 40.0

分析 需调增钢筋材料费用=（2800-2500×1.05）×1000=175000元=17.5（万元）。

3. 该考点还需要掌握的几个知识点：

(1) 采用价格指数调整价格差额的方法，主要适用于施工中所用的材料品种较少，但每种材料使用量较大的土木工程。

(2) 主要调整的是因人工、材料、工程设备和施工机械台班等价格波动影响的合同价款。

(3) 价格指数应首先采用工程造价管理机构提供的价格指数。

(4) 权重不合理时,由承包人和发包人协商后进行调整。

(5) 由于发包人原因导致工期延误的,则对于计划进度日期(或竣工日期)后续施工的工程,在使用价格调整公式时,应采用计划进度日期(或竣工日期)与实际进度日期(或竣工日期)的两个价格指数中较高者作为现行价格指数。

(6) 由于承包人原因导致工期延误的,则对于计划进度日期(或竣工日期)后续施工的工程,在使用价格调整公式时,应采用计划进度日期(或竣工日期)与实际进度日期(或竣工日期)的两个价格指数中较低者作为现行价格指数。

针对上述知识点,练习以下题型:

(1) 某室内装饰工程根据《建设工程工程量清单计价规范》GB 50500—2013 签订了单价合同,约定采用造价信息调整价格差额方法调整价格。原定 6 月施工的项目因发包人修改设计推迟至当年 12 月。该项目主材为发包人确认的可调价材料,价格由 200 元/m^2 变为 250 元/m^2。关于该工程工期延误责任和主材结算价格的说法,正确的是 (D)。

A. 发包人承担延误责任,材料价格按 200 元/m^2 计算
B. 承包人承担延误责任,材料价格按 250 元/m^2 计算
C. 承包人承担延误责任,材料价格按 200 元/m^2 计算
D. 发包人承担延误责任,材料价格按 250 元/m^2 计算

(2) 根据《建设工程工程量清单计价规范》GB 50500—2013,由于承包人原因未在约定的工期内竣工的,则对原约定竣工日期后继续施工的工程,在使用价格调整公式进行价格调整时,应使用的现行价格指数是 (B)。

A. 原约定竣工日期的价格指数
B. 原约定竣工日期与实际竣工日期的两个价格指数中较低者
C. 实际竣工日期的价格指数
D. 原约定竣工日期与实际竣工日期的两个价格指数中较高者

考点 13 采用造价信息调整价格差额

(题干) 施工合同中约定,承包人承担的钢筋价格风险幅度为±5%,超出部分依据《建设工程工程量清单计价规范》GB 50500—2013 造价信息法调差。已知承包人投标价格、基准期发布价格分别为 2400 元/t、2200 元/t,2015 年 12 月、2016 年 7 月的造价信息发布价为 2000 元/t、2600 元/t。则该两月钢筋的实际结算价格分别为 (C) 元/t。

A. 2280,2520
B. 2310,2690
C. 2310,2480
D. 2280,2480

细说考点

1. 先分析解答本题的思路。解答该类型题目时，必须根据下表中的关系来分析。

条件	施工期材料单价	计算基础	调整
投标单价＜基准单价	下跌	以投标期投标单价为基础超过合同约定的风险幅度值时	超过部分按实调整
	上涨	以投标期基准单价为基础超过合同约定的风险幅度值时	
投标单价＞基准单价	下跌	以投标期基准单价为基础超过合同约定的风险幅度值时	
	上涨	以投标期投标单价为基础超过合同约定的风险幅度值时	
投标单价＝基准单价	下跌或上涨	以投标期基准单价（或投标期投标单价）为基础超过合同约定的风险幅度值时	

总结一句话：上涨选大值，下跌选小值。

2. 根据上表和题目分析计算：

12 月份的价格为 2000 元/t，价格下跌，基准价 2200 元/t，投标价 2400 元/t，以基准价 2200 元/t 为基础，下跌幅度＝(2200－2000)/2200＝9.09%，则 12 月份的价格＝2400－2200×(9.09%－5%)＝2310（元/t）。

7 月份的价格为 2600 元/t，价格增加，基准价 2200 元/t，投标价 2400 元/t，以投标价 2400 元/t 为基础，增加幅度＝(2600－2400)/2400＝8.3%，则 7 月份价格＝2400＋2400×(8.3%－5%)≈2480（元/t）。

3. 这个考点比较复杂的内容就是关于材料价格的调整。题目举例如下：

某项目施工合同约定，承包人承租的水泥价格风险幅度为±5%，超出部分采用造价信息法调差，已知投标人投标价格、基准期发布价格为 440 元/t、450 元/t，2018 年 3 月的造价信息发布价为 430 元/t，则该月水泥的实际结算价格为（D）元/t。

A. 418　　　　　　　　　　　　B. 427.5
C. 430　　　　　　　　　　　　D. 440

分析　投标报价 440 元/t，2018 年 3 月的造价信息发布价为 430 元/t，下降未超过 5%，结算仍按 440 元。

4. 采用造价信息调整价格差额的方法，主要适用于使用的材料品种较多，相对而言每种材料使用量较小的房屋建筑与装饰工程。

5. 人工、施工机具使用费按照国家或省、自治区、直辖市建设行政管理部门、行业建设管理部门或其授权的工程造价管理机构发布的人工成本信息、施工机具台班单价或施工机具使用费系数进行调整；需要进行价格调整的材料，其单价和采购数应在采购前由发包人复核，发包人确认需调整的材料单价及数量，作为调整合同价款差额的依据。

考点 14　暂估价的确定与调整

(题干) 关于施工合同履行过程中暂估价的确定与调整，下列说法中正确的是（ABCDEFGHIJ）。

　　A. 属于依法招标的材料和工程设备，由发承包双方以招标的方式选择供应商
　　B. 属于依法招标的材料和工程设备，以中标价取代暂估价，调整合同价款
　　C. 不属于依法招标的材料和工程设备，由承包人按照合同约定采购
　　D. 不属于依法招标的材料和工程设备，由经发包人确认的承包人采购价格取代暂估价，调整合同价款
　　E. 属于依法招标的专业工程，承包人参加投标的，应由发包人作为招标人，在同等条件下优先选择承包人中标
　　F. 属于依法招标的专业工程，应当由发承包双方依法组织招标，选择专业分包人，并接受有管辖权的建设工程招标投标管理机构的监督
　　G. 专业工程依法进行招标后，以中标价为依据取代专业工程暂估价，调整合同价款
　　H. 属于依法招标的专业工程，承包人不参加投标的专业工程，应由承包人作为招标人，招标费用包括在承包人的签约合同价（投标总报价）中
　　I. 属于依法招标的专业工程，承包人参加投标的专业工程，应由发包人作为招标人，与组织招标工作有关的费用由发包人承担
　　J. 不属于依法必须招标的专业工程，应按工程变更事件的合同价款调整方法确定专业工程价款

细说考点

　　1. "不属于依法必须招标的材料，以承包人自行采购的价格取代暂估价"是不正确的，必须是经发包人确认后方可调整。
　　2. 要注意区分选项 H 和 I 的两种情况下，由谁作为招标人、由谁承担费用。
　　3. 干扰选项还可能设置：承包人不得参加投标。
　　4. 暂估价的含义：暂估价是指招标人在工程量清单中提供的用于支付必然发生但暂时不能确定价格的材料、工程设备的单价以及专业工程的金额。

考点 15　不可抗力造成损失的承担

(题干) 在施工合同履行期间，因不可抗力造成的损失，应由承包人承担的情形有（ABC）。
　　A. 因永久工程损害导致的承包人人员伤亡
　　B. 承包人的施工机械设备损坏

C. 承包人的停工损失

D. 合同工程本身的损害

E. 因工程损害导致第三方人员伤亡

F. 因工程损害导致第三方财产损失

G. 运至施工场地用于施工材料的损坏

H. 运至施工场地用于施工待安装设备的损坏

I. 发包人人员伤亡

J. 承包人应发包人（监理人）要求留在施工场地的必要的管理人员及保卫人员的费用

K. 工程所需清理费用

L. 工程所需修复费用

M. 导致工期延误后，发包人要求赶工的赶工费用

N. 导致的工期延误

> **细说考点**
>
> 1. 本考点还可能考查的题目如下：
>
> （1）在施工合同履行期间，因不可抗力造成的损失，应由发包人承担的情形是（DEFGHIJKLMN）。
>
> （2）施工合同履行期间，关于因不可抗力事件导致合同价款和工期调整的说法，正确的有（CDEFG）。
>
> A. 工程修复费用由发包人承担
>
> B. 承包人的施工机械设备损坏由承包人承担
>
> C. 工程本身的损坏由发包人承担
>
> D. 发包人要求赶工的，赶工费用由发包人承担
>
> E. 工程所需清理费用由发包人承担
>
> F. 承包人的停工损失由承包人承担
>
> G. 因工程损害导致第三方人员伤亡的，由发包人承担
>
> 2. 还有一种命题形式是将各方面的损失金额一一列出，要求计算发包人应补偿承包人的金额。只要准确确定哪些是由发包人承担的，就不难计算。

考点16　提前竣工与误期赔偿的合同价款调整

（题干）根据《建设工程工程量清单计价规范》GB 50500—2013，关于提前竣工与误期赔偿的说法，正确的有（ABCDEFG）。

A. 发包人压缩的工期天数不得超过定额工期的20%

B. 赶工费用包括人工费、材料费、机械费的增加

C. 发包人要求合同工程提前竣工的，应承担承包人由此增加的提前竣工费用

D. 工程实施过程中，发包人要求合同工程提前竣工的，应征求承包人意见

E. 发承包双方约定提前竣工每日历天应赔偿额度，与结算款一并支付

F. 误期赔偿费列入竣工结算文件中，并在结算款中扣除

G. 即使承包人支付误期赔偿费，也不能免除承包人按照合同约定应承担的任何责任和义务

> **细说考点**
>
> 1. 针对 A 选项，20%可以作为采分点考查单项选择题。
> 2. 针对 B 选项，赶工费用的内容可以作为多项选择题考查。
> 3. 关于误期赔偿费用的计算，题目举例如下：
>
> 某施工合同中的工程内容由主体工程与附属工程两部分组成，两部分工程的合同额分别为 800 万元和 200 万元。合同中对误期赔偿费的约定是：每延误一个日历天应赔偿 2 万元，且总赔费不超过合同总价款的 5%，该工程主体工程按期通过竣工验收，附属工程延误 30 日历天后通过竣工验收，则该工程的误期赔偿费为（C）万元。
>
> A. 10 　　　　　　　　　　　B. 12
> C. 50 　　　　　　　　　　　D. 60
>
> **分析**　附属工程延误 30d 应赔偿：2×30＝60（万元），但总赔偿费不超过合同价款的 5%，总合同价为 1000 万元，故最高误期赔偿费为 50 万元。

考点17　《建设工程施工合同（示范文体）》中承包人的索赔事件及可补偿内容

（题干） 根据《建设工程施工合同（示范文体）》通用合同条款，承包人最有可能同时获得工期、费用和利润补偿的索赔事件有（ABCDEFGHIJKLM）。

A. 发包人迟延提供图纸

B. 发包人延迟提供施工场地

C. 发包人提供的材料、工程设备不合格或迟延提供或变更交货地点

D. 承包人依据发包人提供的错误资料导致测量放线错误

E. 因发包人原因造成工期延误

F. 发包人暂停施工造成工期延误

G. 工程暂停后因发包人原因无法按时复工

H. 因发包人原因导致工程返工

I. 监理人对已经覆盖的隐蔽工程要求重新检查且检查结果合格

J. 因发包人提供的材料、工程设备造成工程不合格

K. 承包人应监理人要求对材料、工程设备和工程重新检验且检验结果合格

L. 发包人在工程竣工前提前占用工程

M. 因发包人违约导致承包人暂停施工

N. 施工中发现文物、古迹

O. 施工中遇到不利物质条件

P. 因发包人的原因导致工程试运行失败

Q. 工程移交后因发包人原因出现新的缺陷或损坏的修复

R. 发包人提前向承包人提供材料、工程设备

S. 因发包人原因造成承包人人员工伤事故

T. 承包人提前竣工

U. 基准日后法规的变化

V. 工程移交后因发包人原因出现的缺陷修复后的试验和试运行

W. 因不可抗力停工期间应监理人要求照管、清理、修复工程

X. 异常恶劣的气候条件导致工期延误

Y. 因不可抗力造成工期延误

细说考点

1. 在考题中，只可索赔工期、只可索赔费用、只可索赔工期和费用、只可索赔费用和利润、可索赔工期、可索赔费用、可索赔利润的索赔事件互相作为干扰选项。还可能考查的题目如下：

(1) 根据《标准施工招标文件》（2007年版）通用合同条款，下列引起承包人索赔的事件中，只能获得工期补偿的是（XY）。

(2) 根据《标准施工招标文件》（2007年版）的合同通用条件，承包人通常只能获得费用补偿，但不能得到利润补偿和工期顺延的事件是（RSTUVW）。

(3) 根据《标准施工招标文件》（2007年版）通用合同条款，承包人可能同时获得工期和费用补偿但不能获得利润补偿的索赔事件有（NO）。

(4) 根据《标准施工招标文件》，下列情形中，承包人可以得到费用和利润补偿而不能得到工期补偿的事件有（PQ）。

(5) 下列事件的发生，已经或将造成工期延误，则按照《标准施工招标文件》中相关合同条件，可以获得工期补偿的有（ABCDEFGHIJKLMNOXY）。

(6) 根据《标准施工招标文件》中的合同条款，下列引起承包人索赔的事件中，可以获得费用补偿的有（ABCDEFGHIJKLMNOPQRSTUVW）。

(7) 根据《标准施工招标文件》，下列引起费用索赔的事件中，可以获得利润补偿的有（ABCDEFGHIJKLMPQ）。

2. 合理补偿承包人的索赔内容还有如下题型：

根据《标准施工招标文件》中的合同条款，关于合理补偿承包人索赔的说法，正确的有（ABCDEF）。

A. 承包人遇到不利物质条件可进行工期和费用索赔

B. 发生不可抗力只能进行工期索赔

C. 异常恶劣天气导致工期延误只能进行工期索赔

D. 发包人原因引起的暂停施工可以进行工期、费用和利润索赔

E. 发包人提供资料错误可以进行工期、费用和利润索赔

F. 施工中发现文物、古迹只能进行工期和费用索赔

考点18　费用索赔与工期索赔的计算

（题干） 某工程施工过程中发生如下事件：①因异常恶劣气候条件导致工程停工2d，人员窝工20个工日；②遇到不利地质条件导致工程停工1d，人员窝工10个工日，处理不利地质条件用工15个工日。若人工工资为200元/工日，窝工补贴为100元/工日，不考虑其他因素，根据《标准施工招标文件》（2007年版）通用合同条款，施工企业可向业主索赔的工期和费用分别是（C）。

A. 3d，6000元　　　　　　　　　　B. 1d，3000元

C. 3d，4000元　　　　　　　　　　D. 1d，4000元

E. 2d，4000元　　　　　　　　　　F. 2d，7000元

细说考点

1. 本题中，因异常恶劣气候条件导致工程停工，只能索赔工期2d；遇到不利地质条件导致工程停工可索赔工期1d，费用：$10\times100+15\times200=4000$元。因此施工企业可向业主索赔工期共3d，索赔费用4000元。A选项计算了因异常恶劣气候条件造成人员窝工的损失，即$20\times100=2000$元。

2. 费用索赔与工期索赔的计算，是对《标准施工招标文件》中承包人的索赔事件及可补偿内容的另一种考法。解答人工费的索赔时要注意是采用人工工资还是窝工补贴计算。若造成停工损失，则需要根据人工工资×工日计算索赔费用；若造成人员窝工，则需要根据人工窝工工日×窝工补贴计算索赔费用。

3. 关于总部管理费的计算，掌握下面三个公式就完全没有问题了：

(1) 延期工程应分摊的总部管理费 = 同期公司计划总部管理费 × $\dfrac{\text{延期工程合同价格}}{\text{同期公司所有工程合同总价}}$

(2) 延期工程的日平均总部管理费 = $\dfrac{\text{延期工程应分摊的总部管理费}}{\text{延期工程计划工期}}$

(3) 索赔的总部管理费 = 延期工程的日平均总部管理费 × 工程延期的天数

4. 机械费的计算要注意两点：

(1) 承包人自有机械设备，按台班折旧费计算。

(2) 承包人租赁的机械设备，按台班租金加上每台班分摊的施工机械进出场费计算。

5. 解答工期索赔问题时应注意：

(1) 因承包人原因造成的施工进度滞后，属于不可原谅的延期，是不被批准顺延

合同工期的；只有承包人不承担任何责任的延误，才是可原谅的延期。

(2) 被延误的工作应是处于施工进度计划关键线路上的施工内容。只有位于关键线路上工作内容的滞后，才会影响到竣工日期。但有时也应注意，既要看被延误的工作是否在批准进度计划的关键线路上，又要分析这一延误对后续工作的可能影响。因为若对非关键线路工作的影响时间较长，超过了该工作可用于自由支配的时间，也会导致进度计划中非关键线路转化为关键线路，其滞后将影响总工期的拖延。此时，应充分考虑该工作的自由时间，给予相应的工期顺延，并要求承包人修改施工进度计划。

网络图分析法处理可原谅延期时要注意：

(1) 如果延误的工作为关键工作，则延误的时间即索赔的工期；

(2) 如果延误的工作为非关键工作，当该工作由于延误超过时差而成为关键工作时，可以索赔延误时间与时差的差值；

(3) 如果延误的工作为非关键工作，当该工作延误后仍为非关键工作时，则不存在工期索赔问题。

6. 索赔费用的组成包括：人工费、材料费、施工机具使用费、分包费、施工管理费、利息、利润、保险费等。一般会出多项选择题。

7. 工期与费用索赔计算的题目举例：

(1) 某工程进度计划网络图上的工作 X（在关键线路上）与工作 Y（在非关键线路上）同时受到异常恶劣气候条件的影响，导致 X 工作延误 10d，Y 工作延误 15d，该气候条件未对其他工作造成影响，若 Y 工作的自由时差为 20d，则承包人可以向发包人索赔的工期是（A）d。

A. 10　　　　　　　　　　　　　B. 15
C. 25　　　　　　　　　　　　　D. 35

分析　因为 X 工作在关键线路上，工作延误 10d，将导致工期增加 10d，所以应索赔工期 10d。Y 工作在非关键线路上，且工作延误时间未超过其自由时差，索赔不成立。

(2) 某施工合同约定人工工资为 200 元/工日，窝工补贴按人工工资的 25% 计算，在施工过程中发生了如下事件：①出现异常恶劣天气导致工程停工 2d，人员窝工 20 个工日；②因恶劣天气导致场外道路中断，抢修道路用工 20 个工日；③几天后，场外停电，停工 1d，人员窝工 10 个工日。承包人可向发包人索赔的人工费为（C）元。

A. 1500　　　　　　　　　　　　B. 2500
C. 4500　　　　　　　　　　　　D. 5500

分析　施工过程中各事件处理结果如下：①异常恶劣天气导致的停工通常不能进行费用索赔；②抢修道路用工的索赔额＝20×200＝4000（元）；③停电导致的索赔额＝10×200×25%＝500 元。因此，总索赔费用＝4000+500＝4500（元）。

(3) 某房屋基坑开挖后，发现局部有软弱下卧层。甲方代表指示乙方配合进行地质复查，共用工 10 个工日。地质复查和处理费用为 4 万元，同时工期延长 3d，人员窝工 15 工日。若用工按 100 元/工日、窝工按 50 元/工日计算，则乙方可就该事件索赔的费用是（B）元。

A. 41250
B. 41750
C. 42500
D. 45250

分析 乙方可就该事件索赔的费用＝40000＋10×100＋15×50＝41750（元）。

(4) 某施工现场有塔式起重机 1 台，由施工企业租得，台班单价 5000 元/台班，租赁费为 2000 元/台班，人工工资为 80 元/工日，窝工补贴 25 元/工日，以人工费和机械费合计为计算基础的综合费率为 30%。在施工过程中发生了如下事件：监理人对已经覆盖的隐蔽工程要求重新检查且检查结果合格，配合用工 10 工日，塔式起重机 1 台班。为此，施工企业可向业主索赔的费用为（D）元。

A. 2250
B. 2925
C. 5800
D. 7540

分析
人工费＝10×80＝800（元）；
机械费＝1×5000＝5000（元）；
可索赔费用＝（800＋5000）×（1＋30%）＝7540（元）。

考点 19 现场签证类合同价款调整

（题干）关于施工过程中的现场签证，下列说法中正确的有（ABCDEF）。

A. 经发包人授权的工程造价咨询人，可与承包人做现场签证

B. 现场签证的工作如果已有相应的计日工单价，现场签证报告中仅列明完成该签证工作所需的人工、材料、工程设备和施工机具台班的数量

C. 如果现场签证的工作没有相应的计日工单价，应当在现场签证报告中列明完成该签证工作所需的人工、材料、工程设备和施工机械台班的数量及其单价

D. 承包人在施工过程中，若发现合同工程内容与场地条件、地质水文、发包人要求等不一致时，应提供所需的相关资料，提交发包人签证认可

E. 承包人应按照现场签证内容计算价款，报送发包人确认后，作为增加合同价款，与进度款同期支付

F. 合同工程发生现场签证事项，未经发包人签证确认，承包人便擅自实施相关工作的，发生的费用由承包人承担

> **细说考点**
>
> 1. A 选项考查的其实是现场签证的概念。现场签证是指发包人或其授权现场代表（包括工程监理人、工程造价咨询人）与承包人或其授权现场代表就施工过程中涉及的责任事件所作的签认证明。
>
> 2. 针对 C 选项，如果是"没有计日工单价的现场签证，按承包商提出的价格计算并支付"，就是错误说法。
>
> 3. 选项 E 可能设置的干扰选项是"在竣工结算时一并支付"。
>
> 4. 针对 F 选项，如果征得发包人书面同意，发生的费用就不需要承包人承担了。可能会设置的干扰选项是"口头指令"。

考点 20　预付款的支付与扣回

（题干） 已知某建筑工程施工合同总额为 8000 万元，工程预付款按合同金额的 20% 计取，主要材料及构件造价占合同额的 50%。预付款起扣点为（C）万元。

A. 1600　　　　　　　　　　　　　B. 4000
C. 4800　　　　　　　　　　　　　D. 6400

> **细说考点**
>
> 1. 起扣点＝承包工程合同总额－工程预付款总额/主要材料及构件所占比重＝$8000-8000\times 20\%/50\%=4800$（万元）。这类型的题目没有什么悬念，这里就不阐述其他选项的解法了。
>
> 2. 关于预付款的支付会考查工程预付款数额的计算，题型举例如下：
>
> 某工程合同总价为 5000 万元，合同工期 180d，材料费占合同总价的 60%，材料储备定额天数为 25d。材料供应在途天数为 5d。用公式计算法求得该工程的预付款应为（A）万元。
>
> A. 417　　　　　　　　　　　　　B. 500
> C. 694　　　　　　　　　　　　　D. 833
>
> **分析**　工程预付款数额＝$\dfrac{\text{年度工程总价}\times\text{材料比例}(\%)}{\text{年度施工天数}}\times$材料储备定额天数＝$\dfrac{5000\times 60\%}{180}\times 25\approx 417$（万元）。需要注意的是材料供应在途天数 5d 是包括在材料储备定额天数 25d 内的，不要计算成 30d。材料储备定额天数由当地材料供应的在途天数、加工天数、整理天数、供应间隔天数、保险天数等因素决定。
>
> 3. 该考点还需要掌握预付款担保的相关规定，通常以判断正误的题型考查。
>
> （1）工程预付款额度一般是根据施工工期、建安工作量、主要材料和构件费用占建安工程费的比例以及材料储备周期等因素经测算来确定。

(2) 预付款担保是指承包人与发包人签订合同后领取预付款前,承包人正确、合理使用发包人支付的预付款而提供的担保。

(3) 承包人在中途毁约,中止工程,使发包人不能在规定期限内从应付工程款中扣除全部预付款时,发包人有权从该项担保金额中获得补偿。

(4) 预付款担保的主要形式为银行保函。

(5) 预付款担保的金额通常与发包人的预付款是等值的。

(6) 预付款一般逐月从工程预付款中扣除,预付款的担保金额也相应逐月减少。

(7) 承包人的预付款保函的担保金额根据预付款扣回的数额相应递减,但在预付款全部扣回之前一直保持有效。

(8) 采用起扣点计算法抵扣预付款对承包人比较有利。

考点 21　安全文明施工费的支付

(题干) 根据《建设工程工程量清单计价规范》GB 50500—2013,关于安全文明施工费的说法,正确的有 (ABCD)。

A. 安全文明施工费的预付时间为工程开工后 28d 内

B. 安全文明施工费的预付金额不低于当年施工进度计划的安全文明施工费总额的 60%

C. 发包人没有按时支付安全文明施工费的,承包人可催告发包人支付

D. 发包人在付款期满后 7d 内仍未支付安全文明施工费的,若发生安全事故,发包人承担连带责任

细说考点

1. 该考点内容虽少,但每一句话都可以作为一个采分点出现。

2. 针对 A 选项中"28",可能会设置的干扰选项有:"14"、"21"、"42";针对 B 选项中"60%",可能会设置的干扰选项有:"50%"、"80%"。《建设工程施工合同(示范文本)》规定,安全文明施工费支付时间为开工后 28d 内,预付额度为安全文明施工费总额的 50%。对此类题应注意是根据哪个文件作答。会有如下考查题型:

(1) 根据《建设工程工程量清单计价规范》GB 50500—2013,发包人应在工程开工后的 28d 内预付不低于当年施工进度计划的安全文明施工费总额的 (D)。

A. 30%
B. 40%
C. 50%
D. 60%

(2) 根据《建设工程工程量清单计价规范》GB 50500—2013,发包人应当开始支付不低于当年施工进度计划的安全文明施工费总额 60% 的期限是工程开工后的 (D) d 内。

A. 7
B. 14
C. 21
D. 28

考点 22　期中支付

（题干）关于施工合同履行期间的期中支付，下列说法中正确的有（ABCDEFGHIJKLMN）。

A. 已标价工程量清单中的单价项目，承包人应按工程计量确认的工程量与综合单价计算

B. 承包人现场签证和得到发包人确认的索赔金额列入本周期应增加的金额中

C. 由发包人提供的材料、工程设备金额，应按照发包人签约提供的单价和数量从进度款支付中扣出，列入本周期应扣减的金额中

D. 期中进度款的支付比例，一般不低于期中价款总额的 60%

E. 期中进度款的支付比例，一般不高于期中价款总额的 90%

F. 综合单价发生调整的项目，以发承包双方确认调整的综合单价计算进度款

G. 承包人应在每个计量周期到期后向发包人提交已完工程进度款支付申请

H. 若发承包双方对有的清单项目的计量结果出现争议，发包人应对无争议部分的工程计量结果向承包人出具进度款支付证书

I. 进度款支付申请中应包括累计已完成的合同价款

J. 发现已签发的任何支付证书有错、漏或重复的数额，发包人有权予以修正，承包人也有权提出修正申请

K. 进度款支付申请的内容包括本期合计完成的合同价款

L. 进度款支付申请的内容包括本期合计应扣减的金额

M. 进度款支付申请的内容包括本期应支付的安全文明施工费

N. 进度款支付申请的内容包括本期应支付的计日工价款

细说考点

1. A、B、G、H、J 选项通常是在"判断正确与错误"的选择题中出现，一般不会单独成题。

2. 进度款支付申请包括的内容以多项选择题形式考查的概率很大。

3. 该考点可能会考查的计算题：

某工程项目预付款 120 万元，合同约定：每月进度款按结算价的 80% 支付；每月支付安全文明施工费 20 万元；预付款从开工的第 4 个月起分 3 个月等额扣回，开工后前 6 个月结算价见下表，则第 5 个月应支付的款项为（C）万元。

月份	1	2	3	4	5	6
结算价（万元）	200	210	220	220	220	240

A. 136　　　　　　　　　　　　B. 160
C. 156　　　　　　　　　　　　D. 152

> **分析** 第5个月应支付的款项＝结算价×支付比例＋安全文明施工费－预付款扣回部分＝220×80％＋20－120/3＝156（万元）。

考点 23　竣工结算的编制与审核

(题干) 关于建设工程竣工结算的编制与审核，下列说法中正确的有（ABCDEFGHI）。

A. 工程竣工结算由承包人编制，发包人核对

B. 单项工程竣工结算或建设项目竣工总结算经发承包人签字盖章后有效

C. 国有资金投资建设工程的发包人，应当委托具有相应资质的工程造价咨询企业对竣工结算文件进行审核

D. 工程造价咨询机构的核对结论与承包人竣工结算文件不一致的，应提交给承包人复核

E. 竣工结算的编制依据包括工程合同、投标文件、建设工程设计文件

F. 工程竣工结算文件经发承包双方签字确认的，应当作为工程结算的依据

G. 合同双方对复核后的竣工结算有异议时，可以就无异议部分的工程办理不完全竣工结算

H. 竣工结算审核应采用全面审核法

I. 除委托咨询合同另有约定外，竣工结算审核不得采用重点审核法、抽样审核法或类比审核法等其他方法

细说考点

1. 该考点命题主要就是"判断正确与错误"的选择题。注意 A 选项，可以"工程竣工结算编制与核对的责任分工是（　　）"的形式考查。

2. 关于竣工结算的内容，还需要掌握质量争议工程的竣工结算，可能会考查的题型如下：

下列关于办理有质量争议工程的竣工结算，符合要求的有（ABCDEF）。

A. 工程已竣工验收的，竣工结算应按合同约定办理

B. 工程已竣工未验收但实际投入使用的，竣工结算应按合同约定办理

C. 工程已经竣工验收或已竣工未验收但实际投入使用的工程，其质量争议按该工程保修合同执行

D. 工程已竣工未验收并且未实际投入使用，其无质量争议部分的工程，竣工结算按合同约定办理

E. 停工、停建工程的质量争议可待工程质量监督机构出具处理决定后办理竣工结算

F. 工程停建，对无质量争议部分的竣工结算仍应按合同约定办理

考点 24　工程竣工结算的计价原则

（题干） 根据《建设工程工程量清单计价规范》GB 50500—2013，关于工程竣工结算的计价原则，下列说法正确的有（**ABCDEFGHIJKL**）。

A. 分部分项工程中的单价项目应依据双方确认的工程量与已标价工程量清单的综合单价计算

B. 措施项目中的单价项目应依据双方确认的工程量与已标价工程量清单的综合单价计算

C. 总价措施项目发生调整的，以发承包双方确认调整的金额计算

D. 措施项目中的安全文明施工费必须按照国家或省级、行业建设主管部门的规定计算

E. 计日工按发包人实际签证确认的事项计算

F. 总承包服务费发生调整的，以发承包双方确认调整的金额计算

G. 施工索赔费用应依据发承包双方确认的索赔事项和金额计算

H. 现场签证费用应依据发承包双方签证资料确认的金额计算

I. 暂列金额应减去工程价款调整的金额，余额归发包人

J. 规费和税金应按照国家或省级、行业建设主管部门的规定计算

K. 工程实施过程中发承包双方已经确认的工程计量结果和合同价款，应直接进入结算

L. 采用单价合同的，在合同约定风险范围内的综合单价应固定不变，并按合同约定及实际完成的工程量进行计量

> **细说考点**
>
> 1. B 选项可能会设置的干扰选项是：措施项目费按双方确认的工程量乘以已标价工程量清单的综合单价计算。C 选项可能会设置的干扰选项是：总价措施项目应依据合同约定的项目和金额计算，不得调整。F 选项可能会设置的干扰选项是：总承包服务费按已标价工程量清单的金额计算，不应调整。I 选项在余额归属上设置为"归承包人"，就是错误的。
>
> 2. 该考点经常在"判断正确与错误"的选择题中出现，一般不会单独成题。

考点 25　竣工结算款的支付

（题干） 发包人未在合同约定的时间内向承包人支付工程竣工结算价款时，承包人可以采取的措施有（**ABCD**）。

A. 催促发包人按约定支付工程结算价款

B. 要求发包人按银行同期贷款利率支付拖欠工程价款的利息

C. 与发包人协商将该工程折价抵款

D. 向人民法院申请将该工程依法拍卖

E. 将该工程留置不予交付使用

F. 将该工程自主拍卖
G. 将该工程折价出售
H. 将该工程抵押贷款

> **细说考点**
>
> 该考点内容不多，考试题型也就这么一种，考生不需要死记硬背，只要想想在实际工程中，哪些是合理的就可以了。E、F、G、H 选项经常作为干扰选项出现，应注意区分。

考点 26　最终结清

（题干） 关于最终结清的说法，正确的有（ABCDEFGH）。

A. 最终结清是合同约定的缺陷责任期终止后，承包人已按合同规定完成全部剩余工作且质量合格的，发包人与承包人结清全部剩余款项的活动

B. 若发包人未在约定的时间内核实最终结清支付申请，又未提出具体意见的，视为承包人提交的最终结清支付申请已被发包人认可

C. 缺陷责任期终止后，承包人已按合同规定完成全部剩余工作且质量合格的，发包人签发缺陷责任期终止证书

D. 承包人在提交的最终结清申请中，只限于提出工程接收证书颁发后发生的索赔

E. 承包人提出索赔的期限自接收最终支付证书时终止

F. 承包人按合同约定接受了竣工结算支付证书后，应被认为已无权再提出在合同工程接收证书颁发前所发生的任何索赔

G. 最终结清时，质量保证金不足以抵减发包人工程缺陷修复费用的，承包人应承担不足部分的补偿责任

H. 最终结清付款涉及政府投资的，应按国家集中支付相关规定和专用合同条款约定办理

> **细说考点**
>
> 1. 针对 D、E 都可能单独考查单项选择题。
> 2. 建设工程最终结清的工作事项和时间节点顺序：①缺陷责任期终止；②签发缺陷责任期终止证书；③签发最终结清支付证书；④提交最终结清申请单；⑤最终结清付款。

考点 27　建设项目竣工验收的条件

（题干） 根据《建设工程质量管理条例》，建设工程竣工验收应当具备的条件包括（FGHIJ）。

A. 工程质量监督机构签署的工程质量监督报告

B. 施工单位签署的质量合格文件

C. 竣工结算报告

D. 已签署的工程结算文件

E. 工程监理日志

F. 施工单位签署的工程保修书

G. 工程使用的主要建筑材料、建筑构配件和设备的进场试验报告

H. 完整的技术档案和施工管理资料

I. 完成建设工程设计和合同约定的各项内容

J. 勘察、设计、施工、工程监理等单位分别签署的质量合格文件

> **细说考点**
>
> 1. 牢记建设工程竣工验收应当具备的5个条件。A、C、D、E选项经常作为干扰选项出现，应注意区分。该考点也是适合考查多项选择题的考点。
>
> 2. 注意B选项为什么错误？应该是勘察、设计、施工、工程监理等单位分别签署的质量合格文件。如果只是其中一个单位签署是不正确的。

考点28 建设项目竣工验收的组织、管理与备案

（题干） 关于建设项目竣工验收的说法，正确的有（ABCDEFGHI）。

A. 单位工程的验收由监理单位组织

B. 小型项目的整体验收由项目主管部门组织

C. 大型项目的整体验收由国家发改委组织

D. 交工验收由业主组织

E. 建设项目竣工验收合格后，建设单位应当及时提出工程竣工验收报告

F. 国务院建设行政主管部门负责全国工程竣工验收的监督管理工作

G. 建设单位应当自工程竣工验收合格之日起15d内，向工程所在地县级以上地方人民政府建设行政主管部门备案

H. 建设单位办理工程竣工验收备案应当提交工程竣工验收报告

I. 工程质量监督机构应当在工程竣工验收之日起5d内，向备案机关提交工程质量监督报告

> **细说考点**
>
> 1. 选项A、B、C、D均可作为一句话考点，考查验收的组织者。
>
> 2. E选项中"工程竣工验收报告"的内容及所附文件也是一个命题点。
>
> 3. 各工程的验收组织是考试的重点，考生应进行对比记忆，切勿混淆。关于该考点还要掌握几个概念：
>
> （1）单位工程验收即中间验收，由监理单位组织，业主和承包商派人参加。

(2) 单项工程验收即交工验收，由业主组织，会同施工单位、监理单位、设计单位及使用单位等有关部门共同进行。

(3) 工程整体验收即动用验收。

考点 29　竣工决算的内容

(题干) 根据财政部、国家发展和改革委员会、住房城乡建设部的有关文件，竣工决算的组成文件包括（ABCD）。
A. 竣工财务决算说明书　　　　B. 竣工财务决算报表
C. 工程竣工图　　　　　　　　D. 工程竣工造价对比分析

细说考点

1. 本考点还可能考查的题目如下：

(1) 竣工决算文件中，主要反映竣工工程建设成果和经验、全面考核分析工程投资与造价的书面总结文件是（A）。

(2) 竣工决算文件中，真实地记录各种地上、地下建筑物和构筑物等情况的技术文件是（H）。

2. 竣工决算的内容可以按照"一书一图一表一分析"来记忆。

3. 针对 F 选项，单独查考的点不多，其 13 项内容中要掌握项目概况是从进度、质量、安全和造价方面进行分析说明的。

4. 有关基本建设项目概况表的编制内容，主要考查基建支出。可以考核的知识整理如下：

(1) 建设项目的建设成本由建筑安装工程投资支出、设备工器具投资支出、待摊投资支出和其他投资支出构成。

(2) 非经营性项目转出投资支出包括专用道路、专用通信设施、送变电站、地下管道等，其产权不属于本单位的投资支出。对于产权归属本单位的，应计入交付使用资产价值。

5. 基本建设项目竣工财务决算表主要考查两个内容：一是基本建设项目竣工财务决算表的作用；二是基本建设项目竣工财务决算报表中资金来源和资金占用的填写。可以考核的知识整理如下：

(1) 建设项目竣工财务决算表用来反映竣工的建设项目从开工到竣工为止全部资金来源和资金占用的情况。

(2) 资金来源包括基建拨款、部门自筹资金（非负债性资金）、项目资本金、项目资本公积金、基建借款、待冲基建支出、应付款和未交款等。

(3) 资金占用包括基本建设支出、货币资金、预付及应收款、固定资产。

在此还可能考查的题目：

① 建设项目竣工财务决算表中，属于"资金来源"的有（   ）。

② 编制基本建设项目竣工财务决算报表时，下列属于资金占用的项目是（   ）。

6. 针对 H 选项，需要掌握建设工程竣工图的绘制和形成，可能考查的题型如下：

关于建设工程竣工图的绘制和形成，下列说法中正确的有（ABCDEF）。

A. 凡按图竣工没有变动的，由承包人在原施工图上加盖"竣工图"标志

B. 在施工过程中发生设计变更，能将原施工图加以修改补充作为竣工图的，可不重新绘制

C. 由于设计变更修改原施工图的，由承包人注明修改部分并附设计变更通知单和施工说明，加盖"竣工图"标志后作为竣工图

D. 平面布置发生重大改变，不宜补充修改的，应重新绘制改变后的竣工图

E. 重新绘制的图，应加盖"竣工图"标志

F. 重大的改建、扩建工程项目涉及原有的工程项目变更时，应将相关项目的竣工图资料统一整理归档，并在原图案卷内增补必要的说明一起归档

分析 B 选项可能设置的干扰选项是"凡在施工过程中发生设计变更的，一律重新绘制竣工图"。D 选项可能设置的干扰选项是"平面布置发生重大改变的，一律由设计单位负责重新绘制竣工图"。F 选项可能设置的干扰选项是"改建、扩建工程项目涉及原有工程项目变更的，应在原项目施工图上注明修改部分，并加盖竣工图标志后作为竣工图"。

考点 30　竣工决算的编制与审核

（题干） 关于竣工决算的编制与审核，下列说法正确的有（ABCDEFG）。

A. 编制工程竣工决算的条件之一是经批准的初步设计所确定的工程内容已完成

B. 建设项目竣工决算的编制依据包括项目总概算书和单项工程概算书文件

C. 建设项目竣工决算的编制依据包括工程签证、工程索赔等合同价款调整文件

D. 在工程竣工时，建设单位应将各种基础资料与竣工决算一起移交给生产单位或使用单位

E. 竣工决算的编制程序分为前期准备、实施、完成和资料归档四个阶段

F. 基本建设项目完工可投入使用或者试运行合格后，应当在 3 个月内编报竣工财务决算

G. 中央项目竣工财务决算，由财政部制定统一的审核批复管理制度和操作规程

细说考点

1. 工程竣工决算的条件包括五项，除了以 A 选项的形式进行考查，还有可能以多项选择题的形式考查。这五项条件包括：

（1）经批准的初步设计所确定的工程内容已完成；

(2) 单项工程或建设项目竣工结算已完成；
(3) 收尾工程投资和预留费用不超过规定的比例；
(4) 涉及法律诉讼、工程质量纠纷的事项已处理完毕；
(5) 其他影响工程竣工决算编制的重大问题已解决。
2. 要掌握竣工决算编制四个阶段的内容，在此可能考查的题目有两种题型：
(1) 直接考查各阶段的内容。
(2) 给出竣工决算的内容，判断具体是属于哪个阶段。

考点 31 新增固定资产价值的确定

（题干）关于新增固定资产价值的确定，下列说法中正确的有（ABCDEFGHIJ）。
A. 新增固定资产价值是投资项目竣工投产后所增加的固定资产价值
B. 新增固定资产价值以独立发挥生产能力的单项工程为对象计算
C. 新增固定资产价值的计算以验收合格、正式移交生产或使用为前提
D. 一次交付生产或使用的工程一次计算新增固定资产价值
E. 分期分批交付生产或使用的工程，应分期分批计算新增固定资产价值
F. 新增固定资产价值的内容包括达到固定资产标准的设备、工器具的购置费用
G. 对住宅、生活服务网点等，在建成并交付使用后，也要计算新增固定资产价值
H. 凡购置达到固定资产标准不需安装的设备、工器具，应在交付使用后计入新增固定资产价值
I. 属于新增固定资产价值的其他投资，应随同受益工程交付使用的同时一并计入
J. 运输设备等固定资产，仅计算采购成本，不计分摊的"待摊投资"

细说考点

1. 该考点一般会考查两种题型：一是以综合题型考查备选项说法是否正确，考题难度较大，要对每一个备选项进行分析判断；二是新增固定资产价值的计算题型。

2. B选项中"以独立发挥生产能力的单项工程为对象"改为"以单位工程为对象"就是错误选项；E选项改为"分期分批交付生产的工程，按最后一批交付时间统一计算"就是错误选项。

3. F选项中，新增固定资产价值的内容还包括已投入生产或交付使用的建筑、安装工程造价，增加固定资产价值的其他费用。

4. 有关新增固定资产价值的计算，我们要掌握共同费用的分摊方法：
(1) 建设单位管理费按建筑工程、安装工程、需安装设备价值总额等按比例分摊；
(2) 土地征用费、地质勘察和建筑工程设计费等费用按建筑工程造价比例分摊；
(3) 生产工艺流程系统设计费按安装工程造价比例分摊。

5. 新增固定资产价值的计算举例如下。

(1) 某工业项目及其中 I 车间的有关建设费用如下表所示，则 I 车间应分摊的生产工艺设计费应为（C）万元。

某工业项目及其中 I 车间的有关建设费用

项目名称	建筑工程费（万元）	安装工程费（万元）	需安装设备费（万元）	生产工艺设计费（万元）
建设项目	8000	2000	4000	400
I 车间	2000	800	2000	—

A. 112.0　　　　　　　　　　　B. 137.1
C. 160.0　　　　　　　　　　　D. 186.7

分析　建设单位管理费按建筑工程、安装工程、需安装设备价值总额等按比例分摊，而土地征用费、地质勘察和建筑工程设计费等费用则按建筑工程造价比例分摊，生产工艺流程系统设计费按安装工程造价比例分摊。I 车间应分摊的生产工艺设计费 = 800/2000×400 = 160 万元。

(2) 某工业建设项目及其中 K 车间的各项建设费用明细见下表，则 K 车间应分摊的建设单位管理费为（C）万元。

某工业建设项目及其中 K 车间的各项建设费用明细

项目名称	建筑工程费（万元）	安装工程费（万元）	需安装设备费（万元）	建设单位管理费（万元）
建设项目	6000	1000	3000	210
K 车间	2000	500	1500	—

A. 70　　　　　　　　　　　　B. 75
C. 84　　　　　　　　　　　　D. 105

分析　一般情况下，建设单位管理费按建筑工程、安装工程、需安装设备价值总额等按比例分摊。因此，K 车间应分摊的建设单位管理费 =（2000＋500＋1500）/（6000＋1000＋3000）×210 = 84 万元。

考点 32　新增无形资产价值的确定

（题干） 关于新增无形资产价值的确定与计价，下列说法中正确的有（ABCDEFGHIJ）。
A. 购入的无形资产，按照实际支付的价款计价
B. 无形资产计价入账后，应在其有效使用期内分期摊销
C. 企业接受捐赠的无形资产，按照同类无形资产市场价作价

D. 自创专利权的价值为开发过程中的实际支出

E. 专利权转让价格不按成本估价，而是按照其所能带来的超额收益计价

F. 自创的专有技术，一般不作为无形资产入账

G. 自创的商标权，一般不作为无形资产入账

H. 当建设单位向土地管理部门申请土地使用权并为之支付一笔出让金时，土地使用权作为无形资产核算

I. 行政划拨的土地使用权不能作为无形资产核算

J. 在将土地使用权有偿转让、出租、抵押、作价入股和投资，按规定补交土地出让价款时，才作为无形资产核算

细说考点

1. 无形资产价值是指：专利权、非专利技术、著作权、商标权、土地使用权及商誉等价值。关于该考点内容，一般在判断正确与错误的选择题中出现。对各无形资产的计价也有可能单独成题。

2. 针对C选项，可能设置的干扰选项是："企业接受捐赠的无形资产，按开发中的实际支出计价"。

3. 针对E选项，可能设置的干扰选项是："专利权转让价格按成本估价进行"。

4. 针对I选项，可能设置的干扰选项是："行政划拨的土地使用权作为无形资产核算"。

5. 针对该考点，总结如下：

不作为无形资产入账或核算	作为无形资产核算
自创的专有技术	申请土地使用权并为之支付了出让金
自创的商标权	土地使用权有偿转让、出租、抵押、作价入股和投资，按规定补交土地出让价款
行政划拨的土地使用权	—

预测试卷（一）

一、单项选择题（共60题，每题1分。每题的备选项中，只有1个最符合题意）

1. 根据《建筑法》，建筑工程由多个承包单位联合共同承包的，关于承包合同履行责任的说法，正确的是（　　）。
   A. 由牵头承包方承担主要责任　　　　B. 由资质等级高的承包方承担主要责任
   C. 由承包各方承担连带责任　　　　　D. 按承包各方投入比例承担相应责任

2. 根据《建设工程质量管理条例》，在正常使用条件下，设备安装工程的最低保修期限是（　　）年。
   A. 1　　　　　　　　　　　　　　　B. 2
   C. 3　　　　　　　　　　　　　　　D. 4

3. 根据《建设工程质量管理条例》，建设工程的保修期自（　　）之日起计算。
   A. 工程交付使用　　　　　　　　　　B. 竣工审计通过
   C. 工程价款结清　　　　　　　　　　D. 竣工验收合格

4. 根据《招标投标法》，下列关于招标投标的说法，正确的是（　　）。
   A. 评标委员会成员人数为7人以上单数
   B. 联合体中标的，由联合体牵头单位与招标人签订合同
   C. 评标委员会中技术、经济等方面的专家不得少于成员总数的2/3
   D. 投标人应在递交投标文件的同时提交履约保函

5. 订立合同的当事人依照有关法律对合同内容进行协商并达成一致意见时的合同状态称为（　　）。
   A. 合同订立　　　　　　　　　　　　B. 合同成立
   C. 合同生效　　　　　　　　　　　　D. 合同有效

6. 根据《合同法》，执行政府定价或政府指导价的合同时，对于逾期交付标的物的处置方式是（　　）。
   A. 遇价格上涨时，按照原价格执行；价格下降时，按照新价格执行
   B. 遇价格上涨时，按照新价格执行；价格下降时，按照原价格执行
   C. 无论价格上涨或下降，均按照新价格执行
   D. 无论价格上涨或下降，均按照原价格执行

7. 根据《工程造价咨询企业管理办法》，工程造价咨询企业设立的分支机构可以自己名义进行的工作是（　　）。
   A. 承接工程造价咨询业务　　　　　　B. 订立工程造价咨询合同
   C. 出具工程造价成果文件　　　　　　D. 组建工程造价咨询项目管理机构

8. 根据《工程造价咨询企业管理办法》，下列要求中，不属于甲级工程造价咨询企业资质标准的是（　　）。
   A. 已取得乙级工程造价咨询企业资质证书满3年

B. 人均办公建筑面积不少于 10m²

C. 专职从事工程造价专业工作的人员不少于 16 人

D. 近 3 年工程造价咨询营业收入累计不低于人民币 500 万元

9. 根据《政府采购法》，采购的货物规格、标准统一、现货货源充足且价格变化幅度小的政府采购项目，宜采用（　　）方式采购。
   A. 公开招标　　　　　　　　　　　B. 邀请招标
   C. 询价　　　　　　　　　　　　　D. 竞争性谈判

10. 下列工程中，属于分部工程的是（　　）。
    A. 既有工厂的车间扩建工程　　　　B. 工业车间的设备安装工程
    C. 房屋建筑的装饰装修工程　　　　D. 基础工程中的土方开挖工程

11. 根据《国务院关于投资体制改革的决定》，对于采用直接投资和资本金注入方式的政府投资项目，除特殊情况外，政府主管部门不再审批（　　）。
    A. 项目建议书　　　　　　　　　　B. 项目初步设计
    C. 项目开工报告　　　　　　　　　D. 项目可行性研究报告

12. 下列控制措施中，属于工程项目目标被动控制措施的是（　　）。
    A. 制订实施计划时，考虑影响目标实现和计划实施的不利因素
    B. 说明和揭示影响目标实现和计划实施的潜在风险因素
    C. 制订必要的备用方案，以应对可能出现的影响目标实现的情况
    D. 跟踪目标实施情况，发现目标偏离及时采取纠偏措施

13. 工程项目承包模式中，建设单位组织协调工作量小，但风险较大的是（　　）。
    A. 总分包模式　　　　　　　　　　B. 合作体承包模式
    C. 平行承包模式　　　　　　　　　D. 联合体承包模式

14. 根据现行建设项目工程造价构成的相关规定，工程造价是指（　　）。
    A. 为完成工程项目建造，生产性设备及配套工程安装所需的费用
    B. 建设期内直接用于工程建造、设备购置及其安装的建设投资
    C. 为完成工程项目建设，在建设期内投入且形成现金流出的全部费用
    D. 在建设期内预计或实际支出的建设费用

15. 根据现行建筑安装工程费用项目组成规定，工程施工中所使用的仪器仪表维修费应计入（　　）。
    A. 施工机具使用费　　　　　　　　B. 工具用具使用费
    C. 固定资产使用费　　　　　　　　D. 企业管理费

16. 根据现行建筑安装工程费用项目组成规定，下列费用项目属于按造价形成划分的是（　　）。
    A. 人工费　　　　　　　　　　　　B. 企业管理费
    C. 利润　　　　　　　　　　　　　D. 税金

17. 某工程采购一批钢材，出厂价为 3980 元/t，运费为 50 元/t，运输损耗率为 0.5%，采购保管费率为 2%，则该批钢材的材料单价为（　　）元/t。
    A. 4129.90　　　　　　　　　　　B. 4079.90
    C. 4050.15　　　　　　　　　　　D. 4131.15

18. 用成本计算估价法计算国产非标准设备原价时，需要考虑的费用项目是（　　）。
    A. 特殊设备安全监督检查费　　　　B. 供销部门手续费
    C. 成品损失费及运输包装费　　　　D. 外购配套件费

19. 按人民币计算，某进口设备离岸价为1000万元，到岸价为1050万元，银行财务费为5万元，外贸手续费为15万元，进口关税为70万元，增值税税率为13%，不考虑消费税和海关监管手续费，则该设备的抵岸价为（　　）万元。
    A. 1260.00　　　　　　　　　　　B. 1285.60
    C. 1321.90　　　　　　　　　　　D. 1271.90

20. 下列费用项目中，属于联合试运转费中的试运转支出的是（　　）。
    A. 施工单位参加试运转人员的工资
    B. 单台设备的单机试运转费
    C. 试运转中暴露出来的施工缺陷处理费用
    D. 试运转中暴露出来的设备缺陷处理费用

21. 采用成本计算估价法计算非标准设备原价时，下列表述中正确的是（　　）。
    A. 专用工具费＝（材料费＋加工费）×专用工具费率
    B. 加工费＝设备总重量×（1＋加工损耗系数）×设备每吨加工费
    C. 包装费的计算基数中不应包含废品损失费
    D. 利润的计算基数中不应包含外购配套件费

22. 关于建设用地的取得及使用年限，下列说法中正确的是（　　）。
    A. 获取建设用地使用权的方式可以是租赁或转让
    B. 通过协议出让获取土地使用权的方式分为投标、竞拍、挂牌三种
    C. 城市公益事业用地不得以划拨方式取得
    D. 将土地使用权无偿交付给使用者的，其土地使用年限最高为70年

23. 某建设项目建筑安装工程费为6000万元，设备购置费为1000万元，工程建设其他费用为2000万元，建设期利息为500万元。若基本预备费费率为5%，则该建设项目的基本预备费为（　　）万元。
    A. 350　　　　　　　　　　　　　B. 400
    C. 450　　　　　　　　　　　　　D. 475

24. 某项目建设期为2年，第1年贷款4000万元，第2年贷款2000万元，贷款年利率10%，贷款在年内均衡发放，建设期内只计息不付息。该项目第2年的建设期利息为（　　）万元。
    A. 200　　　　　　　　　　　　　B. 500
    C. 520　　　　　　　　　　　　　D. 600

25. 工程定额计价第二阶段的工作内容包括（　　）。
    A. 计算工程量　　　　　　　　　　B. 熟悉图纸和现场
    C. 套定额单价　　　　　　　　　　D. 编制工料分析表

26. 根据我国建设市场发展现状，工程量清单计价和计量规范主要适用于（　　）。
    A. 项目建设前期各阶段工程造价的估计

B. 项目初步设计阶段概算的预测

C. 项目施工图设计阶段预算的预测

D. 项目合同价格的形成和后续合同价格的管理

27. 下列工人工作时间消耗中，属于有效工作时间的是（   ）。
   A. 因混凝土养护引起的停工时间
   B. 偶然停工（停水、停电）增加的时间
   C. 产品质量不合格返工的工作时间
   D. 准备施工工具花费的时间

28. 已知每平方米砖墙的勾缝时间为8min，则每立方米一砖半厚墙所需的勾缝时间为（   ）min。
   A. 12.00
   B. 21.92
   C. 22.22
   D. 33.33

29. 某出料容量750L的砂浆搅拌机，每一次循环工作中，运料、装料、搅拌、卸料、中断需要的时间分别为150s、40s、250s、50s、40s，运料和其他时间的交叠时间为50s，机械利用系数为0.8。该机械的台班产量定额为（   ）m^3/台班。
   A. 29.79
   B. 32.60
   C. 36.00
   D. 39.27

30. 关于施工机械安拆费和场外运费的说法，正确的是（   ）。
   A. 安拆费指安拆一次所需的人工、材料和机械使用费之和
   B. 安拆费中包括机械辅助设施的折旧费
   C. 能自行开动机械的安拆费不予计算
   D. 塔式起重机安拆费的超高增加费应计入机械台班单价

31. 最能体现信息动态性变化特征，并且在工程价格的市场机制中起重要作用的工程造价信息主要包括（   ）。
   A. 工程造价指数、在建工程信息和已完工程信息
   B. 价格信息、工程造价指数和已完工程信息
   C. 人工价格信息、材料价格信息、机械价格信息及在建工程信息
   D. 价格信息、工程造价指数及刚开工的工程信息

32. 信息标准化是建立全国建设工程造价信息系统的基础性工作，其具体建设工作内容不包括（   ）。
   A. 工程项目分类标准代码
   B. 信息采集及传输标准格式
   C. 信息共享的管理机制和模式
   D. 建设工程人、材、机的分类及标准代码

33. 关于工业项目建设地点的选择，下列说法正确的是（   ）。
   A. 应远离其他工业项目，减少环境保护费用
   B. 应远离铁路、公路、水路，减少运营干扰
   C. 应靠近城镇和居民密集区，减少生活设施费
   D. 应少占耕地，降低土地补偿费用

34. 在国外项目投资估算中，有初步的工艺流程图、主要生产设备的生产能力及项目建设的地理位置等条件，可套用相近规模厂的单位生产能力建设费用来估算拟建项目所需的投

资额。以上投资估算方法适用于（　　）阶段。
   A. 项目的投资设想
   B. 项目的投资机会研究
   C. 项目的初步可行性研究
   D. 项目的详细可行性研究

35. 某地 2017 年拟建一座年产 20 万吨的化工厂，该地区 2015 年建成的年产 15 万吨，相同产品的类似项目实际建设投资为 6000 万元。2015 年和 2017 年该地区的工程造价指数（定基指数）分别为 1.12 和 1.15，生产能力指数为 0.7，预计该项目建设期的两年内工程造价仍将年均上涨 5%。则该项目的静态投资为（　　）万元。
   A. 7147.08
   B. 7535.09
   C. 7911.84
   D. 8307.43

36. 按照形成资产法编制建设投资估算表，下列费用中可计入无形资产费用的是（　　）。
   A. 研究试验费
   B. 非专利技术使用费
   C. 引进技术和引进设备其他费
   D. 生产准备及开办费

37. 某工程已有详细的设计图纸，建筑结构非常明确，采用的技术很成熟，则编制该单位建筑工程概算精度最高的方法是（　　）。
   A. 概算指标法
   B. 类似工程预算法
   C. 概算定额法
   D. 修正的概算指标法

38. 关于建设工程预算，符合组合与分解层次关系的是（　　）。
   A. 单位工程预算、单位工程综合预算、类似工程预算
   B. 单位工程预算、类似工程预算、建设项目总预算
   C. 单位工程预算、单位工程综合预算、建设项目总预算
   D. 单位工程综合预算、类似工程预算、建设项目总预算

39. 采用预算单价法编制单位工程预算时，进行工料分析后紧接着的下一步骤是（　　）。
   A. 计算人、材、机费用
   B. 计算企业管理费、利润、规费、税金等
   C. 复核工程量的准确性
   D. 套用定额预算单价

40. 对于设计方案比较特殊，无同类工程可比，且审查精度要求高的施工图预算，适宜采用的审查方法是（　　）。
   A. 全面审查法
   B. 标准预算审查法
   C. 对比审查法
   D. 重点审查法

41. 根据《标准施工招标文件》（2007 年版），进行了资格预审的施工招标文件应包括（　　）。
   A. 招标公告
   B. 投标资格条件
   C. 投标邀请书
   D. 评标委员会名单

42. 根据《标准施工招标文件》（2007 年版），下列有关施工招标的说法中不正确的是（　　）。
   A. 当进行资格预审时，招标文件中应包括招标邀请书
   B. 资格预审的方法可分为合格制或有限数量制
   C. 投标人对招标文件有疑问时，应在规定时间内以电话、电报等方式要求招标人澄清
   D. 初步评审可选用最低投标价法和综合评估法

43. 根据《建设工程施工合同（示范文本）》，现场地质勘探资料、水文气象资料的准确性应由（　　）负责。
    A. 地质勘察单位　　　　　　　　　　B. 发包人
    C. 承包人　　　　　　　　　　　　　D. 监理人

44. 根据《建设工程施工合同（示范文本）》，监理人对隐蔽工程重新检查，经检验证明工程质量符合合同要求的，发包人应补偿承包人（　　）。
    A. 工期和费用　　　　　　　　　　　B. 工期、费用和利润
    C. 费用和利润　　　　　　　　　　　D. 工期和利润

45. 关于其他项目清单的编制，下列说法中正确的是（　　）。
    A. 投标人情况、发包人对工程管理的要求对其内容会有直接影响
    B. 暂列金额可以只列总额，但不同专业预留的暂列金额应分别列项
    C. 专业工程暂估价应包括利润、规费和税金
    D. 计日工的暂定数量可以由投标人填写

46. 招标控制价综合单价的组价包括如下工作：①根据政策规定或造价信息确定工料机单价；②根据工程所在地的定额规定计算工程量；③将定额项目的合价除以清单项目的工程量；④根据费率和利率计算出所组价定额项目的合价。则正确的工作程序是（　　）。
    A. ①④②③　　　　　　　　　　　　B. ①③②④
    C. ②①③④　　　　　　　　　　　　D. ②①④③

47. 投标人为使报价具有竞争力，下列有关生产要素询价的做法中，正确的是（　　）。
    A. 在通过资格预审前进行询价　　　　B. 尽量向咨询公司进行询价
    C. 不论何时何地尽量使用自有机械　　D. 劳务市场招募零散工有利于降低成本

48. 对于其他项目中的计日工，投标人正确的报价方式是（　　）。
    A. 按政策规定标准估算报价　　　　　B. 按招标文件提供的金额报价
    C. 自主报价　　　　　　　　　　　　D. 待签证时报价

49. 关于施工成本管理各项工作之间关系的说法，正确的是（　　）。
    A. 成本计划能对成本控制的实施进行监督
    B. 成本核算是成本计划的基础
    C. 成本预测是实现成本目标的保证
    D. 成本分析为成本考核提供依据

50. 某固定资产原价为 10000 元，预计净残值为 1000 元，预计使用年限为 4 年，采用年数总和法进行折旧，则第 4 年的折旧额为（　　）元。
    A. 2250　　　　　　　　　　　　　　B. 1800
    C. 1500　　　　　　　　　　　　　　D. 900

51. 某工程施工至 2014 年 7 月底，已完工程计划费用（BCWP）为 600 万元，已完工程实际费用（ACWP）为 800 万元，拟完工程计划费用（BCWS）为 700 万元，则该工程此时的偏差情况是（　　）。
    A. 费用节约，进度提前　　　　　　　B. 费用超支，进度拖后
    C. 费用节约，进度拖后　　　　　　　D. 费用超支，进度提前

52. 某工程施工中出现了意外情况,导致工程量由原来的 2500m³ 增加到 3000m³,原定工期为 30d,合同规定工程量变动 10% 为承包商应承担风险,则可索赔工期为(   )d。
   A. 2.5   B. 3
   C. 5   D. 6

53. 关于法规变化类合同价款的调整,下列说法正确的是(   )。
   A. 不实行招标的工程,一般以施工合同签订前的第 42d 为基准日
   B. 基准日之前国家颁布的法规对合同价款有影响的,应予调整
   C. 基准日之后国家政策对材料价格的影响,如已包含在物价波动调价公式中,则不再予以考虑
   D. 承包人原因导致的工期延误期间,国家政策变化引起工程造价变化的,合同价款不予调整

54. 采用清单计价的某分部分项工程,招标控制价的综合单价为 320 元,投标报价的综合单价为 265 元,该工程投标报价下浮率为 5%,结算时,该分部分项工程工程量比清单量增加了 18%,且合同未确定综合单价调整方法,则综合单价的处理方式是(   )。
   A. 上浮 18%   B. 下调 5%
   C. 调整为 292.5 元   D. 可不调整

55. 关于施工合同履行过程中暂估价的确定,下列说法中正确的是(   )。
   A. 不属于依法必须招标的材料,以承包人自行采购的价格取代暂估价
   B. 属于依法必须招标的暂估价设备,由发承包双方以招标方式选择供应商,以中标价取代暂估价
   C. 不属于依法必须招标的暂估价专业工程,不应按工程变更确定工程价款,而应另行签订补充协议确定工程价款
   D. 属于依法必须招标的暂估价专业工程,承包人不得参加投标

56. 根据《建设工程施工合同(示范文本)》通用合同条款,下列引起承包人索赔的事件中,只能获得费用补偿的是(   )
   A. 发包人提前向承包人提供材料、工程设备
   B. 因发包人提供的材料、工程设备造成工程不合格
   C. 发包人在工程竣工前提前占用工程
   D. 异常恶劣的气候条件,导致工期延误

57. 施工合同履行期间,下列不属于工程计量范围的是(   )。
   A. 工程变更修改的工程量清单内容
   B. 合同文件中规定的各种费用支付项目
   C. 暂列金额中的专业工程
   D. 擅自超出施工图纸施工的工程

58. 关于施工合同工程价款的期中支付,下列说法中正确的是(   )。
   A. 期中进度款的支付比例,一般不低于期中价款总额的 60%
   B. 期中进度款的支付比例,一般不高于期中价款总额的 80%
   C. 综合单价发生调整的项目,其增减费在竣工结算时一并结算

D. 发承包双方如对部分计量结果存在争议，等待争议解决后再支付全部进度款

59. 在用起扣点计算法扣回预付款时，起扣点计算公式为 $T=P-\dfrac{M}{N}$，式中 N 是指（　　）。

   A. 工程预付款总额
   B. 工程合同总额
   C. 主要材料及构件所占比重
   D. 累计完成工程金额

60. 对某招标工程进行报价分析，在不考虑安全文明施工费的前提下，承包人中标价为1500万元，招标控制价为1600万元，设计院编制的施工图预算为1550万元，承包人认为的合理报价为1540万元，则承包人的报价浮动率是（　　）。

   A. 0.65%
   B. 6.25%
   C. 93.75%
   D. 96.25%

二、多项选择题（共20题，每题2分。每题的备选项中，有2个或2个以上符合题意，至少有1个错选。错选，本题不得分；少选，所选的每个选项得0.5分）

61. 根据《招标投标法实施条例》，下列关于招标投标的说法，正确的有（　　）。

   A. 采购人依法能够自行建设、生产的项目，可以不进行招标
   B. 招标费用占合同金额比例过大的项目，可以不进行招标
   C. 招标人发售招标文件收取的费用应当限于编制招标文件所投入的成本支出
   D. 潜在投标人对招标文件有异议的，应当在投标截止时间10d前提出
   E. 招标人采用资格后审办法的，应当在开标后15d内由评标委员会公布审查结果

62. 工程造价咨询企业应当办理资质证书变更手续的情形有（　　）。

   A. 企业跨行政区域承接业务
   B. 企业名称发生变更
   C. 企业新增注册造价工程师
   D. 企业技术负责人发生变更
   E. 企业组织形式发生变更

63. 根据《房屋建筑和市政基础设施工程施工图设计文件审查管理办法》，施工图审查机构对施工图设计文件审查的内容有（　　）。

   A. 是否按限额设计标准进行施工图设计
   B. 是否符合工程建设强制性标准
   C. 施工图预算是否超过批准的工程概算
   D. 地基基础和主体结构的安全性
   E. 危险性较大的工程是否有专项施工方案

64. 建设工程采用平行承包模式时，建设单位控制工程造价难度大的原因有（　　）。

   A. 合同价值小，建设单位选择承包单位的范围小
   B. 合同数量多，组织协调工作量大
   C. 总合同价不易在短期内确定，影响造价控制的实施
   D. 建设周期长，增加时间成本
   E. 工程招标任务量大，需控制多项合同价格

65. 下列费用项目中，属于安装工程费用的有（　　）。

   A. 被安装设备的防腐、保温等工作的材料费
   B. 设备基础的工程费用

C. 对单台设备进行单机试运转的调试费
D. 被安装设备的防腐、保温等工作的安装费
E. 与设备相连的工作台、梯子、栏杆的工程费用

66. 根据现行建筑安装工程费用项目组成规定，下列费用中，属于建筑安装工程措施费的有（　　）。
    A. 材料二次搬运费　　　　　　　　B. 材料检验试验费
    C. 夜间施工增加费　　　　　　　　D. 新材料试验费
    E. 安全施工费

67. 关于措施费中的超高施工增加费，下列说法中正确的有（　　）。
    A. 单层建筑檐口高度超过30m时计算
    B. 多层建筑超过6层时计算
    C. 包括建筑超高引起的人工工效降低费
    D. 不包括通信联络设备的使用费
    E. 按建筑物超高部分建筑面积以"m^2"为单位计算

68. 下列建设用地取得费用中，属于征地补偿费的有（　　）。
    A. 土地补偿费　　　　　　　　　　B. 安置补助费
    C. 搬迁补助费　　　　　　　　　　D. 土地管理费
    E. 土地转让金

69. 下列关于各类工程计价定额的说法中，正确的有（　　）。
    A. 预算定额以现行劳动定额和施工定额为编制基础
    B. 概、预算定额的基价一般由人工、材料和机械台班费用组成
    C. 概算指标可分为建筑工程概算指标、设备及安装工程概算指标
    D. 投资估算指标主要以概算定额和概算指标为编制基础
    E. 单位工程投资估算指标中仅包括建筑安装工程费

70. 下列费用项目中，应计入人工日工资单价的有（　　）。
    A. 计件工资　　　　　　　　　　　B. 劳动竞赛奖金
    C. 劳动保护费　　　　　　　　　　D. 流动施工津贴
    E. 职工福利费

71. 对工程造价信息分类必须遵循的基本原则有（　　）。
    A. 稳定性　　　　　　　　　　　　B. 可扩展性
    C. 兼容性　　　　　　　　　　　　D. 动态性
    E. 及时性

72. 下列工程项目策划内容中，属于工程项目实施策划的有（　　）。
    A. 工程项目合同结构　　　　　　　B. 工程项目建设水准
    C. 工程项目目标设定　　　　　　　D. 工程项目系统构成
    E. 工程项目借贷方案

73. 总平面设计中，影响工程造价的主要因素包括（　　）。
    A. 现场条件　　　　　　　　　　　B. 占地面积

C. 工艺设计 D. 功能分区
E. 柱网布置

74. 单位建筑工程概算的常用编制方法有（　　）。
   A. 概算定额法 B. 预算定额法
   C. 概算指标法 D. 类似工程预算法
   E. 生产能力指数法

75. 根据现行规定，应该招标的建设工程经批准可以采用邀请招标方式确定承包人的项目有（　　）。
   A. 有特殊要求，只有少量几家潜在投标人可供选择的
   B. 公开招标费用过低的
   C. 涉及国家秘密的
   D. 受自然地域环境限制的
   E. 涉及抢险救灾的

76. 根据《建设工程施工合同（示范文本）》通用条款，除专用条款另有约定外，发包人的责任与义务有（　　）。
   A. 按照承包人实际需要的数量免费提供图纸
   B. 对施工现场发掘的文物、古迹采取妥善保护措施
   C. 负责完善无法满足施工需要的场外交通设施
   D. 最迟于开工日期 7d 前向承包人移交施工现场
   E. 无条件向承包人提供银行保函形式的支付担保

77. 关于分部分项工程成本分析资料来源的说法，正确的有（　　）。
   A. 预算成本以施工图和定额为依据确定
   B. 预测成本的各种信息是成本核算的依据
   C. 计划成本通过目标成本与预算成本的比较来确定
   D. 实际成本来自实际工程量、实耗人工和实耗材料
   E. 目标成本是分解到分部分项工程中的计划成本

78. 根据《建设工程工程量清单计价规范》GB 50500—2013，关于工程变更价款的调整方法，下列说法中正确的有（　　）。
   A. 工程变更导致已标价工程量清单项目的工程量变化小于 15% 的，仍采用原单价
   B. 已标价的工程量清单中没有相同或类似的工程变更项目，由发包人提出变更工程项目的总价和单价
   C. 安全文明施工费按照实际发生变化的措施项目并依据国家和省级、行业建设主管部门的规定进行调整
   D. 采用单价方式计算的措施费，按照分部分项工程费的调整方法确定变更价
   E. 按系数计算的措施项目费均应按照实际发生变化的措施项目调整，系数不得浮动

79. 在《建设工程施工合同（示范文本）》中，合同条款规定的可以合理补偿承包人索赔费用的事件有（　　）。
   A. 发包人要求向承包人提前交付材料和设备

B. 发包人要求承包人提前竣工

C. 施工过程发现文物、古迹

D. 异常恶劣的气候条件

E. 法律变化引起的价格调整

80. 根据《建设工程工程量清单计价规范》GB 50500—2013，关于工程竣工结算的计价原则，下列说法正确的有（   ）。

A. 计日工按发包人实际签证确认的事项计算

B. 总承包服务费依据合同约定金额计算，不得调整

C. 暂列金额应减去工程价款调整金额计算，余额归发包人

D. 规费和税金应按国家或省级、行业建设主管部门的规定计算

E. 总价措施项目应依据合同约定的项目和金额计算，不得调整

预测试卷（一）参考答案

一、单项选择题

1. C	2. B	3. D	4. C	5. B
6. A	7. D	8. C	9. C	10. C
11. C	12. D	13. B	14. D	15. A
16. D	17. D	18. D	19. B	20. A
21. D	22. A	23. C	24. C	25. B
26. D	27. D	28. B	29. C	30. B
31. B	32. C	33. D	34. B	35. B
36. B	37. C	38. C	39. B	40. A
41. C	42. C	43. B	44. B	45. B
46. D	47. D	48. C	49. D	50. D
51. B	52. B	53. C	54. D	55. B
56. A	57. D	58. A	59. C	60. B

二、多项选择题

61. AD	62. BDE	63. BD	64. CE	65. ACDE
66. ACE	67. BCE	68. ABD	69. ABC	70. ABD
71. ABC	72. ACE	73. ABD	74. ACD	75. ACDE
76. BCD	77. ADE	78. AC	79. ABCE	80. ACD

预测试卷（二）

一、单项选择题（共60题，每题1分。每题的备选项中，只有1个最符合题意）

1. 根据《建筑法》，在建的建筑工程因故中止施工的，建设单位应当自中止施工之日起（　　）个月内，向发证机关报告。
   A. 1　　　　　　　　　　　　　　B. 2
   C. 3　　　　　　　　　　　　　　D. 6

2. 根据《建设工程质量管理条例》，下列关于建设单位的质量责任和义务的说法，正确的是（　　）。
   A. 建设单位报审的施工图设计文件未经审查批准的，不得使用
   B. 建设单位不得委托本工程的设计单位进行监理
   C. 建设单位使用未经验收合格的工程，应有施工单位签署的工程保修书
   D. 建设单位在工程竣工验收后，应委托施工单位向有关部门移交项目档案

3. 根据《建设工程安全生产管理条例》，建设单位将保证安全施工的措施报送建设行政主管部门或者其他有关部门备案的时间是（　　）。
   A. 建设工程开工之日起15日内　　B. 建设工程开工之日起30日内
   C. 开工报告批准之日起15日内　　D. 开工报告批准之日起30日内

4. 根据《建设工程安全生产管理条例》，建设工程安全作业环境及安全施工措施所需费用，应当在编制（　　）时确定。
   A. 投资估算　　　　　　　　　　　B. 工程概算
   C. 施工图预算　　　　　　　　　　D. 施工组织设计

5. 根据《建设工程质量管理条例》，下列工程中，需要编制专项施工方案组织专家进行论证、审查的是（　　）。
   A. 爆破工程　　　　　　　　　　　B. 起重吊装工程
   C. 脚手架工程　　　　　　　　　　D. 高大模板工程

6. 根据《招标投标法实施条例》，投标人撤回已提交的投标文件，应当在（　　）前书面通知招标人。
   A. 投标截止时间　　　　　　　　　B. 评标委员会开始评标
   C. 评标委员会结束评标　　　　　　D. 招标人发出中标通知书

7. 根据《政府采购法实施条例》，政府采购工程依法不进行招标的，可以采用的采购方式是（　　）。
   A. 竞争性谈判　　　　　　　　　　B. 询价
   C. 框架协议　　　　　　　　　　　D. 直议

8. 根据《合同法》，下列关于承诺的说法，正确的是（　　）。
   A. 承诺期限自要约发出时开始计算　B. 承诺通知一经发出不得撤回
   C. 承诺可对要约的内容作出实质性变更　D. 承诺的内容应当与要约的内容一致

9. 根据《工程造价咨询企业管理办法》，已取得乙级工程造价咨询企业资质证书满（　　）年的企业，方可申请甲级资质。
   A. 3
   B. 4
   C. 5
   D. 6

10. 根据《建筑工程施工质量验收统一标准》，下列工程中，属于分项工程的是（　　）。
    A. 电气工程
    B. 钢筋工程
    C. 屋面工程
    D. 桩基工程

11. 建设单位在办理工程质量监督注册手续时，需提供（　　）。
    A. 投标文件
    B. 专项施工方案
    C. 施工组织设计
    D. 施工图设计文件

12. 代理型CM合同由建设单位与分包单位直接签订，一般采用（　　）的合同形式。
    A. 固定单价
    B. 可调总价
    C. GMP加酬金
    D. 简单的成本加酬金

13. 关于CM承包模式的说法，正确的是（　　）。
    A. CM合同采用成本加酬金的计价方式
    B. 分包合同由CM单位与分包单位签订
    C. 总包与分包之间的差价归CM单位
    D. 订立CM合同时需要一次确定施工合同总价

14. 根据现行建设项目投资相关规定，固定资产投资应与（　　）相对应。
    A. 工程费用＋工程建设其他费用
    B. 建设投资＋建设期利息
    C. 建筑安装工程费＋设备及工器具购置费
    D. 建设项目总投资

15. 施工中发生的下列与材料有关的费用中，属于建筑安装工程费中材料费的是（　　）。
    A. 对原材料进行鉴定发生的费用
    B. 施工机械整体场外运输的辅助材料费
    C. 原材料运输装卸过程中不可避免的损耗费
    D. 机械设备日常保养所需的材料费用

16. 根据现行建筑安装工程费用项目组成规定，下列关于施工企业管理费中工具用具使用费的说法正确的是（　　）。
    A. 指企业管理使用，而非施工生产使用的工具用具使用费
    B. 指企业施工生产使用，而非企业管理使用的工具用具使用费
    C. 采用一般计税方法时，工具用具使用费中的增值税进项税额可以抵扣
    D. 包括各类资产标准的工具用具的购置、维修和摊销费用

17. 某施工企业投标报价时确定企业管理费率以人工费为基础计算，据统计资料，该施工企业生产工人年平均管理费为1.2万元，年有效施工天数为240d，人工单价为300元/d，人工费占分部分项工程费的比例为75%，则该企业的企业管理费费率应为（　　）。
    A. 12.15%
    B. 12.50%

C. 16.67% D. 22.22%

18. 采用工程总承包方式发包的工程，其工程总承包管理费应从（   ）中支出。
    A. 建设管理费
    B. 建设单位管理费
    C. 建筑安装工程费
    D. 基本预备费

19. 关于建设项目场地准备和建设单位临时设施费的计算，下列说法正确的是（   ）。
    A. 改扩建项目一般应计工程费用和拆除清理费
    B. 凡可回收材料的拆除工程应采用以料抵工方式冲抵拆除清理费
    C. 新建项目应根据实际工程量计算，不按工程费用的比例计算
    D. 新建项目应按工程费用比例计算，不根据实际工程量计算

20. 下列费用项目中，计入工程建设其他费中专利及专有技术使用费的是（   ）。
    A. 专利及专有技术在项目全寿命期的使用费
    B. 在生产期支付的商标权费
    C. 国内设计资料费
    D. 国外设计资料费

21. 国际贸易双方约定费用划分与风险转移均以货物在装运港被装上指定船只时为分界点，该种交易价格被称为（   ）。
    A. 离岸价
    B. 运费在内价
    C. 到岸价
    D. 抵岸价

22. 国内生产某台非标准设备需材料费18万元，加工费2万元，专用工具费率5%，废品损失费率10%，包装费0.4万元，利润率为10%，用成本计算估价法计得该设备的利润是（   ）万元。
    A. 2.00
    B. 2.10
    C. 2.31
    D. 2.35

23. 已知某进口设备到岸价为1000万元，银行财务费、外贸手续费合计为35万元。关税、消费税和增值税税率分别为22%、10%、13%，则该进口设备抵岸价为（   ）万元。
    A. 1592.40
    B. 1597.96
    C. 1566.78
    D. 1641.51

24. 某建设项目工程费用5000万元，工程建设其他费用1000万元。基本预备费率为8%，年均投资价格上涨率5%，建设期两年，计划每年完成投资50%，则该项目建设期第2年价差预备费应为（   ）万元。
    A. 160.02
    B. 227.79
    C. 420.31
    D. 326.02

25. 工程计量工作包括工程项目的划分和工程量的计算，下列关于工程计量工作的说法中正确的是（   ）。
    A. 项目划分须按预算定额规定的定额子项进行
    B. 通过项目划分确定单位工程基本构造单位
    C. 工程量的计算须按工程量清单计算规范的规则进行计算
    D. 工程量的计算应依据施工图设计文件，不应依据施工组织设计文件

26. 下列机械工作时间中,属于有效工作时间的是( )。
   A. 筑路机在工作区末端的掉头时间
   B. 体积达标而未达到载重吨位的货物汽车运输时间
   C. 机械在工作地点之间的转移时间
   D. 装车数量不足而在低负荷下工作的时间

27. 在对材料消耗过程测定与观察的基础上,通过完成产品数量和材料消耗量的计算而确定各种材料消耗定额的方法是( )。
   A. 实验室试验法
   B. 现场技术测定法
   C. 现场统计法
   D. 理论计算法

28. 关于材料单价的计算,下列计算公式中正确的是( )。
   A. (供应价格+运杂费)×(1+运输损耗率)×(1+采购及保管费率)
   B. $\dfrac{(供应价格+运杂费)}{(1-运输损耗率)\times(1-采购及保管费率)}$
   C. $\dfrac{(供应价格+运杂费)\times(1+采购及保管费率)}{1-采购及保管费率}$
   D. $\dfrac{(供应价格+运杂费)\times(1+运输损耗率)}{1-采购及保管费率}$

29. 某出料容量750L的混凝土搅拌机,每循环一次的正常延续时间为9min,机械正常利用系数为0.9。按8h工作制考虑,该机械的台班产量定额为( )。
   A. 36m³/台班
   B. 40m³/台班
   C. 0.28台班/m³
   D. 0.25台班/m³

30. 某挖掘机配司机1人,若年制度工作日为245d,年工作台班为220台班,人工工日单价为80元,则该挖掘机的人工费为( )元/台班。
   A. 71.8
   B. 80.0
   C. 89.1
   D. 132.7

31. 下列工程造价指数,既属于总指数又可用综合指数形式表示的是( )。
   A. 建筑安装工程造价指数
   B. 设备、工器具价格指数
   C. 单项工程造价指数
   D. 建设项目造价指数

32. 某建设项目需购置甲、乙两种生产设备,设备甲基期购置数量3台,单价2万元;报告期购置数量2台,单价2.5万元。设备乙基期购置数量2台,单价4万元;报告期购置数量3台,单价4.5万元。该建设项目设备价格指数为( )。
   A. 1.32
   B. 0.76
   C. 1.16
   D. 1.14

33. 限额设计方式中,采用综合费用法评价设计方案的不足是没有考虑( )。
   A. 投资方案全寿命期费用
   B. 建设周期对投资效益的影响
   C. 投资方案投产后的使用费
   D. 资金的时间价值

34. 关于项目投资估算的作用,下列说法中正确的是( )。
   A. 项目建议书阶段的投资估算,是确定建设投资最高限额的依据

B. 可行性研究阶段的投资估算，是项目投资决策的重要依据，不得突破

C. 投资估算不能作为制订建设贷款计划的依据

D. 投资估算是核算建设项目固定资产投资需要额的重要依据

35. 关于我国项目前期各阶段投资估算的精度要求，下列说法中正确的是（　　）。

　　A. 项目建议书阶段，允许误差大于±30%

　　B. 投资设想阶段，要求误差控制在±30%以内

　　C. 预可行性研究阶段，要求误差控制在±20%以内

　　D. 可行性研究阶段，要求误差控制在±15%以内

36. 下列投资概算中，属于建筑单位工程概算的是（　　）。

　　A. 机械设备及安装工程概算　　　　B. 电气设备及安装工程概算

　　C. 工器具及生产家具购置费用概算　　D. 通风空调工程概算

37. 新建工程与某已建成工程仅外墙饰面不同。已建成工程外墙为水泥砂浆抹面，单价为 8.75 元/m²，1m² 建筑面积消耗量为 0.852m²；新建工程外墙为贴釉面砖，单价为 49.25 元/m²，1m² 建筑面积消耗量为 0.814m²。若已建成工程概算指标为 536 元/m²，则新建工程修正概算指标为（　　）元/m²。

　　A. 576.50　　　　　　　　　　　　B. 585.25

　　C. 568.63　　　　　　　　　　　　D. 613.26

38. 编制设备安装工程概算，当初步设计的设备清单不完备，可供采用的安装预算单价及扩大综合单价不全时，适宜采用的概算编制方法是（　　）。

　　A. 概算定额法　　　　　　　　　　B. 扩大单价法

　　C. 类似工程预算法　　　　　　　　D. 概算指标法

39. 关于采用预算单价法编制施工图预算的说法，错误的是（　　）。

　　A. 当分项工程的名称、规格、计量单位与定额单价中所列内容完全一致时，可直接套用定额单价

　　B. 当分项工程施工工艺条件与定额单价不一致而造成人工、机械的数量增减时，应调价不换量

　　C. 当分项工程主要材料的品种与定额单价中规定的材料不一致时，应该按照实际使用材料价格换算定额单价

　　D. 当分项工程不能直接套用定额、不能换算和调整时，应编制补充单位估价表

40. 用全费用综合单价法编制施工图预算，下列建筑安装工程施工图预算计算式正确的是（　　）。

　　A. $\sum$（子目工程量×子目工料单价）+企业管理费+利润+规费+税金

　　B. $\sum$（分部分项工程量×分部分项工程全费用综合单价）

　　C. 分部分项工程费+措施项目费

　　D. 分部分项工程费+措施项目费+其他项目费+规费+税金

41. 根据《标准施工招标文件》（2007年版），关于"分包和偏离问题处理"的内容应包括于（　　）之中。

A. 招标公告 B. 投标人须知
C. 评标办法 D. 合同条款与格式

42. 拟定施工总方案是编制招标工程量清单的一项准备工作，下列选项中属于拟定施工总方案范畴的是（　　）。
    A. 对关键工艺的原则性规定 B. 拟定施工步骤和施工顺序
    C. 估算整体工程量 D. 编制施工进度计划

43. 根据《建设工程施工合同（示范文本）》，应由承包人承担的义务是（　　）。
    A. 组织设计单位向分包人进行设计交底
    B. 提供施工场地内地下管线和地下设施等有关资料
    C. 负责施工场地及其周边环境与生态的保护工作
    D. 按合同约定及时组织竣工验收

44. 下列内容中，属于招标工程量清单编制依据的是（　　）。
    A. 分部分项工程清单 B. 拟定的招标文件
    C. 招标控制价 D. 潜在投标人的资质及能力

45. 招标工程量清单应根据常规施工方案编制，拟定常规施工方案时（　　）。
    A. 应对主要项目进行估算，如土石方、混凝土
    B. 需对施工总方案中的重大问题及关键工艺作明确具体的规定
    C. 不需计算人、材、机资源需要量
    D. 不必考虑节假日与气候对工期的影响

46. 关于最高投标限价的相关规定，下列说法中正确的是（　　）。
    A. 国有资金投资的工程建设项目，应编制招标控制价
    B. 最高投标限价不必在招标文件中公布，仅需公布总价
    C. 最高投标限价超过批准概算3%以内时，招标人不必将其报原概算审核部门审核
    D. 当最高投标限价复查结论超过原公布的最高投标限价3%以内时，应责成招标人改正

47. 施工投标报价的主要工作有：①复核工程量；②研究招标文件；③确定基础标价；④编制投标文件，其正确的工作流程是（　　）。
    A. ①②③④ B. ②③①④
    C. ①②④③ D. ②①③④

48. 根据《建设工程工程量清单计价规范》GB 50500—2013，在招标文件未另有要求的情况下，投标报价的综合单价一般要考虑的风险因素是（　　）。
    A. 政策法规的变化 B. 人工单价的市场变化
    C. 政府定价材料的价格变化 D. 管理费、利润的风险

49. 对竣工工程进行现场成本、完全成本核算的目的是分别考核（　　）。
    A. 项目管理绩效、企业经营效益 B. 企业经营效益、企业社会效益
    C. 项目管理绩效、项目管理责任 D. 项目管理责任、企业经营效益

50. 某项目地面铺贴的清单工程量为1000m²，预算费用单价60元/m²，计划每天施工100m²。第6天检查时发现，实际完成800m²，实际费用为5万元。根据上述情况，预计项目完工时的费用偏差（ACV）是（　　）元。

A. -2000	B. -2500
C. 2000	D. 2500

51. 关于工程变更的说法，正确的是（　　）。
    A. 承包人可直接变更能缩短工期的施工方案
    B. 工程变更价款未确定之前，承包人可以不执行变更指示
    C. 业主要求变更施工方案，承包人可以索赔相应费用
    D. 因政府部门要求导致的设计修改，由业主和承包人共同承担责任

52. 根据《建设工程工程量清单计价规范》GB 50500—2013，保养测量设备、保养气象记录设备、维护工地清洁和整洁等可以采用（　　）进行计量支付。
    A. 凭据法	B. 均摊法
    C. 估价法	D. 分解计量法

53. 根据《建设工程工程量清单计价规范》GB 50500—2013，在合同履行期间，由于招标工程量清单缺项，新增了分部分项工程量清单项目，关于其合同价款确定的说法，正确的是（　　）。
    A. 新增清单项目的综合单价应由监理工程师提出
    B. 新增清单项目导致新增措施项目的，承包人应将新增措施项目实施方案提交发包人批准
    C. 新增清单项目的综合单价应由承包人提出，但相关措施项目费不能再做调整
    D. 新增清单项目应按额外工作处理，承包人可选择做或者不做

54. 根据《建设工程工程量清单计价规范》GB 50500—2013，在施工中因发包人原因导致工期延误的，计划进度日期后续工程的价格调整原则是（　　）。
    A. 应采用造价信息差额调整法
    B. 采用计划进度日期与实际进度日期两者的较低者
    C. 如果没有超过15%，则不做调整
    D. 采用计划进度日期与实际进度日期两者的较高者

55. 施工合同中约定，承包人承担的钢筋价格风险幅度为±5%，超出部分依据《建设工程工程量清单计价规范》GB 50500—2013造价信息法调差。已知承包人投标价格、基准期发布价格分别为2400元/t、2200元/t，2015年12月、2016年7月的造价信息发布价分别为2000元/t，2600元/t。则该两月钢筋的实际结算价格应分别为（　　）元/t。
    A. 2280，2520	B. 2310，2690
    C. 2310，2480	D. 2280，2480

56. 根据《建设工程工程量清单计价规范》GB 50500—2013，工程发包时，招标人要求索赔的工期天数超过定额工期（　　）时，应当在招标文件中明示增加赶工费用。
    A. 5%	B. 10%
    C. 15%	D. 20%

57. 根据《建设工程施工合同（示范文本）》通用合同条款，下列引起承包人索赔的事件中，只能获得工期补偿的是（　　）。
    A. 发包人提前向承包人提供材料和工程设备

B. 工程暂停后因发包人原因导致无法按时复工

C. 因发包人原因导致工程试运行失败

D. 异常恶劣的气候条件导致工期延误

58. 根据国际惯例，承包商自有设备的窝工费一般按（　　）计算。

    A. 台班折旧费

    B. 台班折旧费＋设备进出现场的分摊费

    C. 台班使用费

    D. 同类型设备的租金

59. 采用起扣点计算法扣回预付款的正确做法是（　　）。

    A. 从已完工程的累计合同额相当于工程预付款数额时起扣

    B. 从已完工成所用的主要材料及构件的价值相当于工程预付款数额时起扣

    C. 从未完工程所需的主要材料及构件的价值相当于工程预付款数额时起扣

    D. 从未完工程的剩余合同额相当于工程预付款数额时起扣

60. 根据《建设工程工程量清单计价规范》GB50500—2013，发包人安全文明施工费预付的时间和金额分别为（　　）。

    A. 预付时间为工程开工后42d内，金额不低于当年施工进度计划的安全文明施工费总额的60%

    B. 预付时间为工程开工后42d内，金额不低于当年施工进度计划的安全文明施工费总额的50%

    C. 预付时间为工程开工后28d内，金额不低于当年施工进度计划的安全文明施工费总额的60%

    D. 预付时间为工程开工后14d内，金额不低于当年施工进度计划的安全文明施工费总额的80%

二、多项选择题（共20题，每题2分。每题的备选项中，有2个或2个以上符合题意，至少有1个错项。错选，本题不得分；少选，所选的每个选项得0.5分）

61. 根据《建设工程安全生产管理条例》，下列关于建设工程安全生产责任的说法，正确的有（　　）。

    A. 设计单位应当在设计文件中注明涉及施工安全的重点部位和环节

    B. 施工单位对于安全作业费用有其他用途时需经建设单位批准

    C. 施工单位应对管理人员和作业人员每年至少进行一次安全生产教育培训

    D. 施工单位应向作业人员提供安全防护用具和安全防护服装

    E. 施工单位应自施工起重机械验收合格之日起60日内向有关部门登记

62. 根据《招标投标法实施条例》，评标委员会应当否决投标的情形有（　　）。

    A. 投标报价高于工程成本

    B. 投标文件未经投标单位负责人签字

    C. 投标报价低于招标控制价

    D. 投标联合体没有提交共同投标协议

    E. 投标人不符合招标文件规定的资格条件

63. 建设单位在办理工程质量监督注册手续时需提供的资料有（   ）。
    A. 施工组织设计   B. 监理规划
    C. 中标通知书   D. 施工图预算
    E. 专项施工方案

64. 根据现行建筑安装工程费用项目组成规定，下列费用中，属于规费的有（   ）。
    A. 工伤保险费   B. 安全施工费
    C. 环境保护费   D. 住房公积金
    E. 劳动保护费

65. 根据我国现行建筑安装工程费用项目组成的规定，下列费用中属于安全文明施工中临时设施费的有（   ）。
    A. 现场采用砖砌围挡的安砌费用
    B. 现场围挡的墙面美化费用
    C. 施工现场操作场地的硬化费用
    D. 施工现场规定范围内临时简易道路的铺设费用
    E. 地下室施工时所采用的照明设备的安拆费用

66. 下列费用中应计入设备运杂费的有（   ）。
    A. 设备保管人员的工资
    B. 设备采购人员的工资
    C. 设备自生产厂家运至工地仓库的运费、装卸费
    D. 运输中的设备包装支出
    E. 设备仓库所占用的固定资产使用费

67. 应予计量的措施项目费包括（   ）。
    A. 垂直运输费   B. 排水、降水费
    C. 冬雨期施工增加费   D. 临时设施费
    E. 超高施工增加费

68. 下列工人工作时间中，属于有效工作时间的有（   ）。
    A. 基本工作时间   B. 不可避免中断时间
    C. 辅助工作时间   D. 偶然工作时间
    E. 准备与结束工作时间

69. 下列费用项目中，计算施工机械台班单价时应考虑的有（   ）。
    A. 购置机械的资金成本   B. 机械报废时回收的残值
    C. 随机配备工具的摊销费   D. 机械设备的财产损失保险费
    E. 大型机械安拆费

70. 下列工程造价指数中，用平均数指数形式编制的总指数有（   ）。
    A. 工程建设其他费费率指数   B. 设备、工器具价格指数
    C. 建筑安装工程价格指数   D. 单项工程造价指数
    E. 建设项目造价指数

71. 确定项目建设规模需要考虑的政策因素有（   ）。

A. 国家经济发展规划 B. 产业政策
C. 生产协作条件 D. 地区经济发展规划
E. 技术经济政策

72. 施工图预算对投资方、施工企业都具有十分重要的作用。下列选项中仅属于对施工企业作用的有（　　）。
    A. 确定合同价款的依据 B. 控制资金合理使用的依据
    C. 控制工程施工成本的依据 D. 调配施工力量的依据
    E. 办理工程结算的依据

73. 关于施工图预算的作用的说法，正确的有（　　）。
    A. 施工图预算是确定工程招标控制价的依据
    B. 施工图预算是控制造价及资金合理使用的依据
    C. 施工图预算是施工单位确定投标报价的依据
    D. 施工图预算是报审项目投资额的依据
    E. 施工图预算可以作为确定合同价款、拨付工程进度款及办理工程结算的基础

74. 关于施工招标文件，下列说法中正确的有（　　）。
    A. 招标文件应包括拟签合同的主要条款
    B. 当进行资格预审时，招标文件中应包括投标邀请书
    C. 自招标文件开始发出之日起至投标截止之日最短不得少于 15d
    D. 招标文件不得说明评标委员会的组建方法
    E. 招标文件应明确评标办法

75. 关于施工投标报价中对工程量的复核，下列说法中正确的有（　　）。
    A. 投标人应逐项计算工程量，复核工程量清单
    B. 投标人应修改错误的工程量，并通知招标人
    C. 投标人可以不向招标人提出复核工程量中发现的遗漏
    D. 投标人可以通过复核防止由于订货超量带来的浪费
    E. 投标人应根据复核工程量的结果选择适用的施工设备

76. 关于招标分部分项工程量清单的项目特征描述，应遵循的编制原则有（　　）。
    A. 按专业工程量计算规范附录的规定，结合拟建工程实际描述
    B. 其他独有特征，由清单编制人视项目具体情况确定
    C. 要满足确定综合单价的需要
    D. 应详细描述分部分项工程的施工工艺和方法
    E. 对于采用标准图集的项目，可直接描述为"详见××图集"

77. 施工合同签订后，工程项目施工成本计划的常用编制方法有（　　）。
    A. 专家意见法 B. 功能指数法
    C. 目标利润法 D. 技术进步法
    E. 定率估算法

78. 根据《建设工程工程量清单计价规范》GB 50500—2013，关于单价合同措施项目费的调整，下列说法中正确的有（　　）。

A. 设计变更引起措施项目发生变化的，可以调整措施项目费

B. 招标工程量清单分部分项工程漏项引起措施项目发生变化的，可以调整措施项目费

C. 招标工程量清单措施项目缺项的，不应调整措施项目费

D. 承包人提出调整措施项目费的，应事先将实施方案报发包人批准

E. 措施项目费的调整方法与分部分项工程费的调整方法相同

79. 承包人提交的已完工程进度款支付申请中，应计入本周期完成合同价款中的有（　　）。

    A. 本周期已完成单价项目的金额　　　　B. 本周期应支付的总价项目的金额

    C. 本周期应扣回的预付款　　　　　　　D. 本周期应支付的安全文明施工费

    E. 本周期已完成的计日工价款

80. 关于建设工程竣工结算的办理，下列说法中正确的有（　　）。

    A. 竣工结算文件经发承包人双方签字确认的，应当作为工程结算的依据

    B. 竣工结算文件由发包人组织编制，承包人组织核对

    C. 工程造价咨询机构审核结论与承包人竣工结算文件不一致时，以造价咨询机构审核意见为准

    D. 合同双方对复核后的竣工结算有异议时，可以就无异议部分的工程办理不完全竣工结算

    E. 承包人对工程造价咨询企业的审核意见有异议的，可以向工程造价管理机构申请调解

预测试卷（二）参考答案

一、单项选择题

1. A	2. A	3. C	4. B	5. D
6. A	7. A	8. D	9. A	10. B
11. C	12. D	13. A	14. B	15. C
16. C	17. C	18. A	19. B	20. D
21. A	22. D	23. C	24. C	25. B
26. B	27. B	28. A	29. A	30. C
31. B	32. C	33. D	34. D	35. C
36. D	37. A	38. D	39. B	40. C
41. B	42. A	43. C	44. B	45. A
46. A	47. D	48. D	49. A	50. B
51. C	52. B	53. B	54. D	55. C
56. D	57. D	58. A	59. C	60. C

二、多项选择题

61. ACD	62. DE	63. ABC	64. AD	65. AD
66. ABCD	67. ABE	68. ACE	69. ABC	70. CDE
71. ABDE	72. CD	73. ABCE	74. ABE	75. CDE
76. ABC	77. CDE	78. ABD	79. ABDE	80. ADE